8° S
522

AF244358

L'Imprimeur a déclaré ne
pouvoir déposer des exemplaires
brochés de cet ouvrage.
Il les livre en feuilles à l'auteur

(Août 18..)

CATALOGUE

DES

COLÉOPTÈRES

DU GERS ET DU LOT-&-GARONNE

QUATRIÈME PARTIE.

PECTINICORNES.

Lucanus, L.

Cervus, L.......... très commun dans toute la France. Juin-
août. Le jour sur le chêne, le soir au vol
autour des bois.
Larve : Chap. et Cand. (Cat. p. 129). Elle
vit deux ou trois ans dans le chêne.

Dorcus, Mac Leay.

Parallelipipedus, L... très commun toute l'année. Au pied des
arbres cariés, des piquets.
Larve : Chap. et Cand. (Cat. p. 129).—*Perris*
(*Soc. ent.* 1854, p. 105 et *Larv. col.* 1877,
p. 107).

Sinodendron, Helv.

Cylindricum, L..... rare; sous les vieilles écorces à Marciac
(E. A.)
Larve : Mulsant (Lamellic., p. 600).— *Perris*
(*Larves col.* p. 107, ff. 167, 168). Vit dans
le hêtre et le châtaignier.

LAMELLICORNES.

Tribu I. — COPRIDÆ.

Ateuchus, Web.

Sacer, L............. espèce méridionale trouvée quelquefois sur les plages du golfe de Gascogne et jusqu'à Sos, dans les bouses (P. B.).
Larve : Mulsant (Lamellic. p. 44).

Pius, Illig......... dans les bouses, sur les sentiers, à Sos (P. B.).

Gymnopleurus, Illig.

Mopsus, Pall...... dans les bouses, à Sos (P. B.).

Sisyphus, Latr.

Schœfferi, L....... très rare; dans les bouses. Pris une fois à Marciac (E. A.). Moins rare dans les Pyrénées en juin et juillet.
Larve : Dollinger in *Hoop (Ent. Tasch. 1797, p. 175).*

Copris, Geoff.

Lunaris, L......... très commun sous les bouses des bêtes à cornes où il creuse son terrier; il vole le soir; avril à octobre, quelquefois en hiver.
Larve : Perris (Larv. col. 1877, p. 107, ff. 72-81).

Onitis, F.

Furcifer, Rossi..... rare; à Sos (P. B.).

Onthophagus, Latr.

Amyntas, Ol........ très rare; dans les bouses, à Marciac (E. A.).

Taurus, L.......... commun; dans les bouses des ruminants et les crottins de cheval, sous lesquels il creuse son petit terrier. Avril-octobre.

Larve : Mulsant (Lamellic. p. 104).

Nutans, F.......... commun; mêmes mœurs.

Vacca, L........... id. dans les déjections animales, les herbes en décomposition, surtout dans le crottin de cheval.

Cœnobita, Herbst.. id. id.

Fracticornis, F..... id. id.

Nuchicornis, L..... moins commun ; mêmes mœurs.

Larve : Perris (Larv. col. 1877, p. 109, ff. 82-84)

Lemur, F.......... rare; même mœurs. Gimont. — Lectoure, Condom, Layrac (A. L.), Sos (P. B.).

Punctatus, Illig..... rare; Sos (P. B.).

Ovatus. L......... très commun; dans les déjections animales et les herbes en décomposition, toute l'année.

Furcatus, F........ trouvé une fois dans les détritus d'inondations du Gers, à Lectoure (A. L.). Très commun à Sos (P. B.).

Schreberi, L....... assez commun dans les bouses de vache; pris quelquefois dans les détritus d'inondations jusqu'en décembre. Samatan, Gimont.—Condom, Lectoure, Courrensan (A. L.), Sos (P. B.).

Oniticellus, Serv.

Flavipes, F........ commun dans toute la région, dans toutes les déjections animales; mai-octobre.

Pallipes, F.......... très rare; sous les bouses presque sèches, à Sos (P. B.).

Tribu II. — APHODIDÆ.

Aphodius, Illig.

Erraticus, L......... rare; dans les excréments; mai-octobre. Auch, Gimont. — Gazaupouy, Courrensan (A. L.); plus commun dans les Pyrénées; Sos (P. B.).

Scrutator, Herbst... assez rare; mêmes mœurs; dans les bois, aux environs d'Auch; à Marciac (E. A.); mai-juillet; Sos (P. B.).

Subterraneus, L.... assez commun; mêmes mœurs. Condom, Layrac (A. L.), Sos (P. B.).

Fossor, L. et var. assez commun dans les bois aux environs
Sylvaticus, Ahr... d'Auch; mêmes mœurs; mai-juillet. Sos (P. B.).

    Larve : Perris (Larv. col. 1877, p. 109, ff. 85-92).

Hæmorrhoidalis, L. dans les crottins de moutons; rare à Bon-Encontre, près Agen (A. L.), Marciac (E. A.), Sos (P. B.).

Conjugatus, Panz... Sos (P. B.).

Scybalarius, F..... rare dans notre région, dans les matières stercoraires; moins rare à Sos (P. B.).

Fœtens, F......... rare; mêmes mœurs; Riscle (A. L.); en Armagnac (*Gobert, l. cit.* p. 149). Sos (P. B.).

Fimetarius, L...... très commun, dans tous les fumiers, toute l'année.

    Larve : Erichson, Mulsant, Chap. et *Cand.* (*l. cit.* p. 124).

Ater, de Géer....... commun; dans les bouses; avril-octobre.

Constans, Duft..... très rare; pris une fois à Lectoure dans les détritus d'inondation du Gers (A. L.).

Granarius, L....... très commun; à peu près toute l'année dans tous les fumiers.

Sordidus, F......... assez commun; dans les bouses. Marciac (E. A.), Sos (P. B.).

Rufescens, F........ rare; Sos (P. B.).

Lugens, Kreutz.... id.   id.

Nitidulus, F........ commun; toute l'année. Dans les fumiers.

Immundus, Creutz. très rare; mêmes mœurs. Gimont.— Sos (P. B.).

Corvinus........... très rare. Sos (P. B.).

Bimaculatus, F..... assez rare; mêmes mœurs. Gimont, Samatan.—Marciac (E. A.), Courrensan, Astaffort (A. L.), avril-novembre; Sos (P. B.).

Larve: Mulsant (l. cit.).

Rufus, Illig......... très rare; un seul à Tarsac, près Riscle (A. L.), Sos (P. B.).

Lividus, Ol......... Sos (P. B.), rare.
Larve : Bouché (Nat. der. Ins. 1834, p. 190).

Inquinatus, F...... commun à Sos (P. B.), manque au bord du Gers.
Larve : Mulsant. (l. cit.).

Melanostictus. Schm. comme *Inquinatus, F.*

Sticticus, Panz..... Sos (P. B.).

Conspurcatus, L.... id.

Pictus, Sturm...... id.

Obscurus, F........ espèce pyrénéenne trouvée une fois à Marciac (E. A.).

Porcus, F.......... très rare à Marciac (E. A.). — Sos (P. B.).

Tristis, Panz....... Sos (P. B.).

Pusillus, Herbst.... commun dans les bouses, à Gimont, en avril et mai.

4 — Guttatus, Herbs.. commun; mêmes mœurs; avril-octobre ; moins commun à Sos (P. B.).

4 — Maculatus, L... rare ; en juin et juillet; mêmes mœurs. Gimont.—Marciac(E.A.),Courrensan(A.L.).

Merdarius, F....... assez commun en mai et juin. Gimont. — Sos (P. B.), Courrensan, Condom(A.L.).

Castaneus, Illig..... Sos (P. B.).

Prodromus, Brahm. très commun toute l'année ; en hiver dans les détritus d'innondations. Les variations de taille, de sculpture, de pubescence ont donné lieu à la création d'un nombre de variétés dans lesquelles rentrent le *punctatosulcatus*, Sturm. et le *pubescens*,Sturm,qui se trouvent avec lui.

Consputus, Creutz.. très commun ; comme le précédent.

Contaminatus Herbst manque au sud du Gers ; assez rare dans le bassin du Gers ; Lectoure, Gazaupouy, Courrensan (A. L.); commun à Sos (P. B.).

Obliteratus, Panz... très rare à Marciac (E. A.) ; commun à Sos (P. B.).

Rufipes, L......... manque au sud du Gers; assez rare à Gazaupouy, à Courrensan (A. L.); commun à Sos (P. B.), dans les excréments de divers animaux.

Luridus, F......... rare ; mêmes mœurs. Lectoure (A. L.), Sos (P. B.); commun dans les Pyrénées.

Var. Gagates, Mull.. plus rare.

Depressus, Kug..... rare; à Gimont dans les détritus d'inondations.— A Gazaupouy dans les bouses (A. L.).

Pecari, F.......... très rare; un seul exemplaire à Gimont.— A Marciac (E. A.).

Arenarius, Ol...... rare ; dans les bouses sur les terrains sablonneux, à Sos (P. B.).

Sus, Herbst....... assez rare ; Sos (P. B.) ; mêmes mœurs.

Testudinarius, F.... commun ; à Sos (P. B.) ;   id.

Villosus, Gyll....... Sos (P. B.).

Porcatus, F........ assez commun ; toute l'année dans les bouses, les herbes en décomposition, les vieux champignons.

Ammœcius, Muls.

Brevis, Er......... rare, dans les détritus d'inondations de l'Adour (*Gobert, l. cit.*) ; Sos, dans les bouses (P. B.).

Elévatus, Ol........ moins rare ; mêmes mœurs, Lectoure (A. L.), Sos (P. B.).

Gibbus, Germ...... très rare ; dans les bouses sur les terrains sablonneux à Sos (P. B.).

Rhyssemus, Muls.

Germanus, L....... commun dans les bouses sur les terrains sablonneux. Le soir au vol ; en hiver dans les détritus d'inondations.

Psammodius, Latr.

Cæsus, Panz....... extrêmement commun ; sur tous les excréments à la belle saison dès février ; le soir au vol ; en hiver, dans les détritus d'inondations.

Sulcicollis, Illig..... très rare ; à Sos (P. B.).

Porcicollis, Illig..... très commun ; à Sos (P. B.).

Scutellaris, Muls.... très rare ; à Sos (P. B.).

Tribu III. — HYBALIDÆ.

Ochodæus, Lepell.

Chrysomelinus, F... rare ; en septembre, le soir, au vol sur les pelouses fraîchement tondues. Sos (P. B.).

Tribu IV. — GEOTRUPIDÆ.

Geotrupes, Latr.

Typhæus, L........ assez commun de mars à septembre dans les bois, sous les bouses et les crottins où il creuse ses terriers.

Stercorarius, L..... très commun toute l'année dans toutes les déjections animales ; le jour, dans son terrier ; le soir au vol au printemps et à l'été.

Larve : Chap. et Cand. (*l. cit.* p. 123).

Mutator, Marsh..... comme le précédent ; moins commun.

Larve : Mulsant-Rey (*Lamellic.*, p. 44.) Ces larves, comme celles de la plupart des coprocoles, vivent au fond de leur terrier aux dépens des provisions de fumier amassées autour de l'œuf par la prévoyance de la mère. Il y a souvent à côté d'elles des coléoptères ou d'autres insectes parasites.

Hypocrita, Illig..... assez commun ; mêmes mœurs ; avril-septembre. Gazaupouy, Meylan (A. L.), Sos (P. B.).

Vernalis, L......... assez rare ; dans les bois, sous les bouses, à Larromieu (A. L.). Commun dans les Pyrénées.

Sylvaticus, Panz.... commun à Sos dans les bois sous les bouses et les champignons gâtés, avril-octobre ; moins commun à Auch, à Lectoure.

Foveatus, Marsh... rare, Sos (P. B.) ; Auch (J. Gardère).

Nota.— Un insecte de cette tribu, *Odontœus mobilicornis*, F., se trouvera probablement dans notre région. Je l'ai reçu des environs de Toulouse, en juin, du Frère Maurice.

Tribu V. — TROGIDÆ.

Trox, F.

Perlatus, Scriba.... assez rare ; sous les cadavres surtout après dessiccation complète, dans la terre. Gimont, — Marciac (E. A.), Sos (P. B.).

Hispidus, Laich..... plus commun ; mêmes mœurs.

Larve : Perris (Larv. col. 1877, p. 111, ff. 93-98).

Sabulosus, L........ rare ; mêmes mœurs. Lectoure (A. L.), Sos (P. B.).

Scaber. L.......... commun ; mêmes mœurs.

Larve : Waterhouse, Westwood.

Tribu VI. — MELOLONTHIDÆ.

Hoplia, Illig.

Philanthus, Sulz.... cette espèce, qui manque dans notre région Sud, est commune à Sos où MM. Bauduer et Lucante la trouvent abondamment en juin dans la lande, sur les fleurs et les herbes ; un exemplaire trouvé aussi à Riscle par M. Lucante.

Praticola, Duft..... Sos (P. B.).

Farinosa, L. *Argentea*, Poda. fort rare aux environs de Gimont, où je ne l'ai pris qu'une fois sur les bords de la

Marcaou. Commun près de Mirande sur les bords de la Baïse, dans l'Armagnac, à Campagne (G. B.), à Riscle (A. L.), à Sos (P. B.), mi-juin, mi-juillet, sur les arbustes et les hautes herbes au bord des cours d'eau.

Cœrulea, Drury.... toujours abondant là où il se trouve. Mi-juin à mi-juillet ; sur les bords de la Save, à Samatan et à Lombez ; Mirande sur la Baïse ; Tarsac sur l'Adour (A. L.). Agen, Sos (P. B.) ; ne se trouve ni à Auch, ni à Gimont. Les mâles se tiennent accrochés comme des perles d'un bleu argenté changeant au sommet des hautes herbes ou des arbustes ; les femelles beaucoup moins brillantes, ne paraissent que vers 11 h. 1|2, voltigeant au-dessus des mâles ; elles disparaissent vers midi $^1/_2$.

Larve : Perris (l. cit. p. 117, f. 135, 136).

Nota. La belle couleur de ces jolis insectes n'est due qu'à des écailles fragiles qui recouvrent leur corps ; il faut les piquer sur place avec précaution comme les papillons.

Triodonta, Muls.

Aquila, Muls ...... assez commun à Sos en juin ; le soir autour des chênes ; je l'ai reçu aussi des bords de la Garonne aux environs de Toulouse.

Larve : Perris (l. cit. p. 116, f. 127-132.)

Homaloplia, Steph.

Ruricola, F. et var.   rare ; en juin et juillet sur les arbustes et
atrata, Fourcr.   les herbes dans la vallée de l'Arros, à

Marciac (E. A.) ; rare à Sos (P. B.) ; commun sur la Garonne et dans les Pyrénées jusqu'à la fin de septembre.

Serica, M⁰ Leay.

Holosericea, Scop.. rare en Armagnac sur les herbes en juin et juillet ; Campagne (G. B.) ; plus commun à Sos (P. B.).

Larve : Piochard de la Brulerie (Soc. ent. 1864, p. 663).

Brunnea, L........ assez commun à Sos (P. B.) ; le soir au vol en juin et juillet. Je l'ai reçu aussi des bords de la Garonne, près Toulouse.

Larve : Saxesen — Erichson — Chap. et Cand. (p. 122).

Rhizotrogus, Latr.

Marginipes, Muls.... très commun en juin et juillet ; il vole le matin à 10 h. sur les prés champêtres. Il éclot de bonne heure et reste sous terre, car je l'ai pris en janvier et février dans les détritus d'inondations. Sos (P. B.).

Larve : Rosenhauer (Entom. Zeitung 1850, p. 15).

S.-G. Amphimallus, Latr.

Fuscus, Scop....... rare ; dans la région des pins ; Sos (P. B.) ; juin. Les mâles, beaucoup plus nombreux que les femelles, volent le matin au-dessus des prés, où celles-ci se tiennent dans les herbes.

Solstitialis, L...... très commun fin juillet. Il vole autour des arbres au coucher du soleil. Sa larve a été décrite plusieurs fois : *Frisch Bouché.*

Ruficornis, F....... rare; fin juin à Campagne (G. B.); à Sos,
très rare (P. B.). Il vole le matin. Pris
aussi dans la vallée de la Save, à Alet,
près l'Isle-en-Jourdain.

Larve : Mulsant et Mayet (7e opusc.,
p. 100).

Ochraceus, Knoch.. rare; à Sos (P. B.).

Var. **Tropicus, Shoenh..**　　id.

Rufescens, F....... très commun ; juin-juillet ; vole le soir en
essaims autour des arbres.

Larve : Perris (Soc. Linn. Lyon, 1876,
f. 119-125).

Anoxia, Cast.

Villosa, F. .... commun dans la région des pins, en juillet.
Il vole le soir autour des arbres de sept
à neuf heures ; aussi à Eauze (J. Gardère).

Larve : Perris (Larv. col. 1887, p. 114, f. 118,
et Soc. Linn. Lyon, 1876, fe 148).

Polyphylla, Harris.

Fullo, L.......... assez commun à Sos (P. B.), à Mézin (A. L.),
en Armagnac, à Campagne (G. B.) ; dans
les Pyrénées jusqu'en septembre ; sur
les bords de la Garonne aux environs de
Toulouse ; manque aux environs d'Auch,
de Lectoure, de Gimont.

Larve : Mulsant, de Haan, Erichson, Chap. et
Cand. (p. 121).

Melolontha, F.

Vulgaris, F........ commun en mai et juin. Cet insecte, qui
fait de grands ravages dans le Nord en
rongeant à l'état de larve les racines des
arbres, n'est pas généralement assez

abondant dans notre région pour causer des dommages très sensibles.

Larve : Godart, Mulsant, Erichson, Chap. et *Cand.* (p. 121).

Pectoralis, Germ... moins commun à Sos (P. B.); mêmes mœurs.

Hippocastani, F.... rare; id. id.

Albida, Friw....... Sos (P. B.).

Tribu VII. — ANOMALIDÆ.

Anisoplia, Cast.

Agricola, Fabr..... commun dans l'Armagnac en juin sur les céréales; Campagne (G. B.), Sos (P. B.), Lectoure (A. L.); commun aussi aux environs de Toulouse; manque à Auch et à Gimont.

Tempestiva, Er....¯ très commun dans les mêmes localités; mêmes mœurs. Marciac (E. A.), Condom, Lectoure, Layrac (A. L.).

Anomala, Burm.

Vitis, F............ peu commun; sur la vigne et la ronce en juin et juillet. Campagne (G. B.), Gazaupouy, près Condom (A. L.); commun aux environs de Toulouse (Fr. Maurice).

Larve : Mulsant et *Mayet* (14ᵉ opusc. p. 69).

Junii, Duft. et var... Sos (P. B.).

Frischii, F... ...... même habitat et mêmes localités. Ce n'est qu'une des nombreuses variétés de l'espèce précédente, celle qui est la plus commune à Sos.

Larve : Frisch. (Beschreib. non *All. Ins.,*1720, 4e partie).

Phyllopertha, Steph.

Campestris, Latr... très commun sur les fleurs au printemps et en été; Sos (P. B.), Meylan (A. L.).

Arenaria, Brul..... id., ainsi que le type, dans la vallée de la Garonne, aux environs de Toulouse. La variété *cruciata* Muls. à Sos (P. B.).

Horticola, Muls.... commun sur le chêne et le genêt à balais; à Sos en juin et juillet; aussi à Toulouse. Plusieurs variétés dont la plus commune à Sos est le *Ph. Perrisii*, Muls.

Tribu VIII. — ORYCTIDÆ.

Pentodon, Hope.

Punctatus, Villa. ... commun de juin à septembre, le long des chemins, surtout dans les allées des vignes en Armagnac. Montesquiou (*abbé Degers*), Marciac (E. A.) ; aussi dans la vallée de la Garonne à Toulouse (*Fr. Maurice*) ; à Agen, Courrensan, Eauze (A. L.) Sos (P. B.).

Phyllognathus, Esch.

Silenus, Fabr...... rare ; en juillet le long des chemins sortant de terre, à L'Isle-Jourdain (*abbé Brunet*). Commun aux environs de Toulouse (*Fr. Maurice*).

Larve : de *Haan*.

Oryctes, Illig.

Nasicornis, L....... commun toute la belle saison dans le tan où vit sa larve ; au vol le soir, même à grande distance des tanneries.

Larve : *Chap* et *Cand*. (*l. cit.*, p. 116).

Grypus, Illig........ rare ; au pied des chênes, des peupliers vermoulus. Auch (*abbé Dubin*), Lectoure (A. L.), Sos (P. B.).

Larve : Costa (Corresp. zool. 1839, p. 95).

Tribu IX. — CETONIDÆ.

Cetonia, F.

S.-G. Oxythyrea, Muls.

Squalida, L........ commun dès le mois d'avril jusqu'en octobre sur les fleurs. La variété *Reyi* Muls. se trouve à Sos (P. B.).

Hirtella, L......... sur les fleurs, plus commun.

Cinctella, Schm.... assez rare ; mêmes mœurs.

Stictica, L......... très commun ; mêmes mœurs.

S.-G. Cetonia, Burm.

Morio, F,.......... très commun en juin et juillet sur les arbres, sur le lierre ; particulièrement dans les pépinières de peuplier, où vit sa larve ; rarement sur les fleurs.

Aurata, L,......... très commun de mai en octobre sur les fleurs, surtout sur les roses et l'hyèble (*Sambucus ebulus*). Plusieurs variétés.

Floricola, Herbst... rare ; mêmes mœurs. Sos (P. B.).

Larve : de Geer, Ratzeburg.

Marmorata, F...... assez rare ; en juin et juillet sur les arbres , sur les ombellifères ; Gimont. — Marciac (E. A.), Sos (P. B.), Lectoure (A. L.) , Auch, Eauze (abbé *Terré*), Sos (P. B.).

Larve : Chap et Cand. (l. cit., p. 119).Muls. Rey. (Lamellic., 2e éd., p. 666.)

Opaca, F.. .... rare dans l'Armagnac sur les fleurs de chardon (abbé *Terré*) à Eauze ; commun à Sos (P. B.) et dans la lande autour des ruches d'abeilles (*Gobert : Cat. Col.*)

Speciosissima, Scop. cette magnifique espèce vit dans l'aulne très répandu dans l'Armagnac et les Landes ; elle est cependant fort rare. Sos (P. B.) ; Lagraulet près Gondrin (abbé *Dnreux*), Marciac (E. A.).

Larve : Chap. et *Cand.* (*l. cit.*) ; elle vit dans les troncs d'aulne cariés.

Osmoderma, Lepell.

Eremita, L......... très rare ; dans les bûchers et au pied des chênes à Sos (P. B.) ; Condom, Eauze (*J. Gardère*).

Gnorimus, Lepell.

Nobilis, L.............. très rare dans le Gers. Trouvé à Cazaubon et à Laguian par M. l'abbé Laporte ; Sos (P. B.) sur les ombellifères ; très commun en août et septembre dans les Pyrénées sur l'hyèble (*Sambucus ebulus*).

Trichius, F.

Abdominalis, Scht.... très commun de mai à juillet sur les fleurs.

Larve : Blanchard (Hist. ins, t. I, pl. VII, f. 5, 6).

Valgus, Scriba.

Hemipterus, L........ très commun toute l'année dans les piquets et au pied des arbres cariés sous terre ; en général dans les bois décomposés ; au printemps et en été sur les fleurs.
Larve : Lucas (*Soc. ent. 1851, Bull.,* 6, 83.) — *Ch. Cand.* (p. 118).

STERNOXES.

Tribu I. — BUPRESTIDÆ.

Capnodis, Esch.

Tenebrionis, L..... très commun toute l'année, à l'exception du gros hiver, sur l'épine noire (*prunus spinosa*).

Larve : Laporte, Gory (Hist. nat. col., t. II, p. 3).

Dicerca, Esch.

Berorilensis, F.... rare ; sur le hêtre ; août-octobre.

Larve : Wetswood (Introd., t. I, p. 230). Klinganhœffer (Ent, Zeit. zu Stett. 1843, p. 85).

Ænea, L........... rare ; sur les arbres de la famille des Amentacées ; août-octobre. Gimont-Auch (H. B.), Sos (P. B.).

Larve : Westermann : (Rev. ent. Silberm., No 3), Perris : (Soc. linn. Lyon, 1876, p. 390).

Pœcilonota, Esch.

Conspersa, Gyll.... rare ; en juillet sur l'aulne ; Marciac (E. A.), Sos (P. B.).

Larve : Gernet (Soc. ent. Russie, 1867-68, p. 17).

Elle vit dans les aulnes qu'elle carie et fait périr.

Rutilans, F......... assez rare ; en juin et juillet sur le tilleul. Auch, Gimont, Samatan. — Marciac (E. A.), Lectoure (A. L.).

       Larve : Chap. Cand. (Catal., p. 135).

       Elle vit dans le tronc et les gros rameaux du tilleul déjà malade et hâte son dépérissement.

Decipiens, Manh.... pas rare sur l'orme en juin et en juillet.

       Larve : Muls., Revell. (l. cit. p. 86).

       Elle vit dans l'orme malade.

Festiva, L......... commun ; en juin et juillet sur le genévrier ; fort rare à Sos.

       Larve : Lucciani (Soc. ent. 1845, bulletin, p. 112).

Ancylochira, Esch.

Flavomaculata, F.. assez commun en juin et juillet sur le pin maritime ; Sos (P. B.), Meylan (A. L.) ; trouvé aussi à Marciac, où il est très rare (E. A.). Pour le prendre facilement, quand il fait chaud, il est bon de projeter sur lui l'ombre du parasol ; sans cette précaution il s'envole avec agilité. (*Gobert, l. cit.*, p. 158).

       Larve : Perris (Soc. ent. 1854, p, 110-115 et *Ins. pin marit.*, p. 149).

8 — guttata, L...... moins commun ; sur les branches de pin, Sos (P. B.), aussi à Campagne (G. B.). Un seul exemplaire à Samatan, octobre.

       Larve : Perris (Ibid.).

Eurythyrea, Sol.

Carniolica......... très rare ; dans le chêne carié. Auch (*abbé Dubin*), Eauze (*abbé Sarroméjean*), Sos (P. B.) ; je l'ai reçu aussi de Castelnau-Magnoac (Hautes-Pyrénées), limitrophe du Gers. (*Fr. Maurice.*)

Punctata, F........ Sos (P. B.).

Melanophila, Esch.

Cyanea, F......... commun dans la région des pins en juillet et août ; Sos (P. B.), Meylan (A. L.), sur le pin et dans les pots à résine.

Larve : *Perris* (*Soc. ent.* 1854, p. 121).

Elle vit sous l'écorce du pin.

Decostigma, F...... assez rare ; en juin et juillet sur les peupliers abattus ; très-difficile à prendre quand il fait chaud, à cause de son agilité extrême. Gimont. — Sos (P. B.), Marciac (E. A.).

Larve : *Perris* (*Soc. linn. Lyon 1876*, p.392, et *Larv. col. 1877*, p.134). Vit dans les gros peupliers morts.

Appendiculata, F... assez rare dans la région des pins. M. Bauduer l'a pris en quantité à Sos à la suite d'un incendie dans les *pinadas*.

Anthaxia, Esch.

Cichorii, Ol........ assez commun ; de juin au mois d'août sur les fleurs, au filet ; sur les branches mortes des arbres fruitiers. Gimont. — Lectoure (A. L.), Sos (P. B.).

Larve : Perris (*Larv. col. 1877*, p.136), et (*Soc. linn. Lyon 1876*, p. 394).

Elle vit dans les branches mortes du poirier, du pommier, du prunier et du cerisier.

Millefolii, F....... assez rare en juin et juillet sur la millefeuille (*Achillœa millefolium*). Gimont. — Lectoure, Préchac (A. L.), Sos (P. B.).

Inculta, Germ....... assez rare ; sur la millefeuille et autres fleurs en juin et juillet.

Manca, F.......... assez rare sur l'orme, les piquets, les

           échalas ; M. Lucante l'a trouvé fin juin au pied des tiges d'artichaut à Gazaupouy et à Courrensan. Auch, Gimont.— Marciac (E. A.), avril-juillet. Mézin (*de Castillon*).

           Larve : Perris (*Ann. soc. Linn. Bord. 1838*) ; elle vit dans l'orme.

Salicis, F. .... rare ; sur le saule de mai à juillet. Samatan. — Marciac (E. A.), Sos (P. B.).

Nitida, Rossi .... très rare ; un seul exemplaire pris au fauchoir dans le vallon d'Ustareau près Lectoure (A. L.).

Nitidula, L. .... assez rare ; au filet sur les fleurs en juin et juillet. — Gimont, Lectoure (A. L.), Sos (P. B.). Un exemplaire de la variété *minor* à Lectoure (A. L.).

Funerula, Illig. ..... rare ; en fauchant en été sur les prés, les patus ; à Sos sur les fleurs de renoncule, de cistes, de caltha dont il ronge les pétales selon feu E. Perris. Gimont.

           Larve : Perris (*Larv. col. 1877*, p. 137). Elle vit dans les tiges mortes de l'ajonc (*Ulex europæus*).

Morio, F. .... commun à Sos, sur les fleurs de renoncules, près des bois de pins. Sa larve ainsi que la suivante vit dans le pin (P. B.).

Sepulchralis, F. ..... commun ; mêmes mœurs. Sos (P. B.).

           Larve : Perris (*Soc. ent.*, 1854, p. 123).

Praticola, Laft. ..... assez rare ; sur les fleurs de *Tormentilla reptans*, de *Potentilla splendens*, sur le *Cistus alyssoïdes* dans la région des pins. Sos (P. B.).

           Larve : Perris (*Soc. ent.* 1852, p. 200) ; vit dans les rameaux de jeune pin.

Ptosima, Sol.

Flavoguttata, Illig.. commun en juin et juillet sur les diverses espèces de prunier. Auch , Gimont. — Lectoure, Courrensan (A.L.), Sos (P.B.).

Larve: Gemminger (Ent. Zeit. Stett., 1849, p. 63. Elle vit dans le bois mort du prunier et du cerisier.

Acmœodera, Esch.

Tæniata, F........ commun en juin et juillet sur les ombellifères à Sos (P. B.); fort rare à Auch (H. B.).

Sphænoptera, Sol.

Gemeliata, Manh... rare; sur le sable, à Sos (P. B.).

Larve: Perris (Soc. linn. Lyon, 1876, p. 398); elle vit dans les racines du sainfoin.

Chrysobothrys, Esch.

Affinis, F........ . assez commun de mai à juillet sur le chêne.

Larve: Perris (Larv. col., 1877, p. 122, f. 170-173). Elle vit dans les gros arbres abattus de la famille des amentacées.

Solieri. Cast....... .. commun en juillet , à Sos sur les jeunes pins abattus (P. B.).

Larve: Perris (Ins. pin. marit., p. 155 et *Soc. ent.*, 1854, p. 117).

Cornæbus, Cast.

Bifasciatus, Ol..... rare; en juillet et août sur le chêne, quelquefois dans les dépôts de bois de chauffage. Samatan ; très rare. — Sos (P. B.), Courrensan (A. L.). Plus commun à Marciac et dans la région sud du département (E.A.), où il cause des dommages sérieux aux taillis.

Larve : Perris (Larv. col., 1877, p. 140,
f. 180). Elle vit sur les sommités du
jeune chêne dont elle fait périr la flèche.
(*Mulsant*, Op. 15°, p. 85 et *Soc. ent.*,
1867, p. 66).

Undatus, F........ assez commun en juillet sur le chêne-liège
(*Q. Suber*), Sos (P. B.).

Rubi, L........... assez commun en juillet et août sur les
ronces des champs; Auch, Samatan.—
Lectoure, Courrensan (A. L.), Marciac
(E. A.), Sos (P. B.).

Elatus, F......... assez commun en juillet et août en fauchant
sur les prairies, dans toute la région.

Æneicollis, Villers.. rare en juillet en fauchant sur les friches,
à Gimont; sur les branches de jeunes
chênes, Sos (P. B.), Courrensan (A. L.).

Larve : Perris (*idid.*, p. 145, f. 181). Elle vit
dans les jeunes rameaux du chêne.

Amethystinus, Ol... rare; en juillet en fauchant sur les fleurs
dans le voisinage des bois. Gimont.

Agrilus, Sol.

Sexguttatus, Herbst. assez rare, en juin et juillet sur le peuplier,
à Sos (P. B.).

Larve et mœurs : Perris (*Acad. sc. et arts,
Lyon*, 1843, p. 23).

Biguttatus, F....... rare; en juin et juillet sur le chêne. Auch
(H. B.), Sos (P. B.).

Larve : Ratzeburg (Die fors ins. I, p. 56),
Goureau (*Soc. ent.* 1843, p. 23), *Schiodte*
(*l. cit.* p. 374).

Sinuatus, Ol....... rare; en juin et juillet, sur les arbres à
pepins. Gimont.—Marciac (E.A.); moins
rare à Sos (P. B.),

Viridis, L.......... assez rare dans notre région sur les piquets de saule et autres bois tendres ; Marciac (E. A.), plus commun à Sos (P. B.).

Larve : Perris (*ibid.* p. 47) ; elle vit dans ces mêmes piquets.

Var. Nocivus, Redt. plus rare que le type. D'après M. Perris, la larve vit dans *Myrica gale* (*ibid.*).

Var. Fagi, Ratz..... sur le hêtre en Armagnac et à Sos (P. B.).

Var. Distinguendus, Cast. rare ; sur le tremble. Sos (P. B.).

Cæreleus, Rossi.... Sos (P. B.).

Pseudocyaneus, Kiesw... très rare ; deux exemplaires à Sos (P. B.).

Pratensis, Ratz..... rare ; en fauchant en juillet ; sur les rejetons de peuplier. Gimont. — Sos (P. B.).

Tenuis, Ratz....... rare ; en fauchant et en battant les arbres. Gimont. — Lectoure (A. L.), Sos (P. B.)

Larve : Ratzeburg (*Die fors ins.*, 1857, p. 53).

Angustulus, Illig... commun ; sur les ronces, dans les prés.

Var. Rugicollis, Ratz. Gimont, Lectoure (A. L.), Sos (P. B.).

Larve : Ratzeburg (*ibid.*, p. 54), *Perris* (*Soc. Linn. Lyon*, 1876, p. 385).

Scaberrimus, Ratz.. très rare ; un seul mâle sur le chêne, en juin, et un couple sur l'aulne, le 7 juillet, à Sos (P. B.).

Laticornis, Illig.... rare ; en juin et juillet sur le chêne et en fauchant. — Gimont, Lectoure, Astaffort (A. L.), Sos (P. B.).

Olivicolor, Kiesw .. rare ; sur le charme, le chêne, à Sos (P. B.).

Hastulifer, Ratz.... rare ; sur les branches de chêne, d'aulne, particulièrement sur les chênes écorcés à Sos (P. B.) ; en juin.

Larve : Perris (*Soc. Linn., Lyon*, 1876, p. 455) ; elle vit dans les branches de ces mêmes arbres.

Graminis., Cast..... rare; comme le précédent, en juillet, à Sos (P. B.).

Derasofasciatus, Lac. très commun en juin et juillet sur la vigne. Gimont.— Marciac (E. A.), Sos (P. B.), Lectoure (A. L.)

Larve : Perris (Acad. sc. et arts, Lyon, 1851, p. 2); elle vit dans les sarments récemment morts de la vigne.

Curtulus, Muls..... deux exemplaires pris à Sos par M. Bauduer, le 17 juillet, en battant les chênes tauzins.

Linderi, Mars..... très rare; en battant les branches du pommier sauvage. Gimont, Sos (P. B.)

Cinctus, Ol......... assez rare; sur le genêt à balais, à Sos (P.B.); plus rare à Gimont.— A Marciac (E. A.). Courrensan (A. L.).

Larve : Perris (Acad. sc. et arts, Lyon, 1851, page 9).

Aurichalceus, Redt.. rare; sur la ronce, à Sos (P. B.), Courrensan (A. L.).

Larve : Perris (Soc. Linn., Lyon, 1876, p. 406); vit dans la ronce.

Integerrimus, Ratz.. Sos (P. B.).

Hyperici, Creutz... pas rare en juillet sur *Hypericum perforatum*, le *mille-pertuis* ; Gimont.—Marciac (E. A.), Sos (P. B.), Courrensan (A. L.).

Larve : Perris (ibid., p. 406).

Roscidus, Kiesw.... pas rare en été sur la ronce et sur les arbres de la famille des Rosacées. Gimont. — Marciac (E. A.), Sos (P. B.), Courrensan (A. L.).

Obscuricollis, Kiesw très rare ; un seul exemplaire à Gimont ; sur le chêne à Sos (P. B.).

Var. **Obscurus, Bauduer.**   (*Gobert, Cat. col. Landes*, p. 164), très rare
sur le chêne à Sos (P. B.).

Reyi, Baudr . . . .   rare ; sur le chêne, Sos (P. B.).

           Nota. — M. Gobert a inséré dans son *Cata-
logue raisonné des coléoptères des Landes*
une étude de notre savant ami M. Bauduer sur les *Agrilus*, où se trouve la
description de cette espèce nouvelle. Le
Reyi Baudr., très voisin d'*obscuricollis*,
Kiesw., s'en distingue par la forme et
la couleur de la lame prosternale, qui
est, dans le premier, dilatée entre les
branches antérieures et de couleur assez
brillante, dans le second, subparallèle
et obscure.

Trachys, F.

Minuta, L . . . .   commun sur les saules surtout en été ;
c'est une espèce hibernante qui se trouve
souvent dans les détritus d'inondations.

     Larve : *Henden* (Berl. Zeit. 1862, p. 61).
L'*abeille* (t. II, p. 507) ; elle vit dans les
feuilles de saule.

Pygmæa, F . . . .   commun ; sur les malvacées de mai à octobre ; aussi sur l'ortie (A. L.).

     Larve : *Lepricur* (Rev. Zool. IX, 1857,
p. 85) ; elle vit dans les feuilles des
malvacées.

Troglodytes, Gyl . . . .   commun ; dans les lieux humides sur les
fleurs. Gimont, Sos (P. B.), Lectoure sur
les *Inula* (A. L.), rare.

Pumila, Illig . . . .   commun ; en été sur les menthes, en hiver
dans les détritus d'inondations.

     Larve : *Perris* (*Abeille*, 1870, p. 31). *Frauen-
feld* (Soc. Zool. bot. Wien. 1864) ; vit dans
les menthes.

Pandellei, Fairm.... très rare ; sur les *Erodium* et le genêt à balais à Sos (P. B.), à Lectoure (A. L.).

Fragariæ, Bris..... un seul exemplaire à Sos sur le fraisier sauvage **(P. B.)**.

Marseuli, Bris...... un seul exemplaire sur *Salvia pratensis* à Sos (P. B.).

Nana, Herbst...... rare ; sur les herbes dans les lieux secs à Sos (P. B.).

Aphanisticus, Latr.

Emarginatus, Fabr.. commun en été sur les joncs.

Larve : *Perris* (*Larves, col.* 1877, p. 149, f. 182-188). Elle vit sur *Juncus obtusifolius* et *articulatus*.

Pusillus, Ol......... avec le précédent, un peu moins commun ; il se trouve en hiver dans les détritus d'inondations.

Bedeli, Baudr....... très rare. Un seul exemplaire sur l'*Hypericum* à Sos (P. B.).
(*inédit*).

Elongatus, Villa.... Sos (P. B.).

Tribu II. — THROSCIDÆ.

Throscus, Latr.

Dermestoïdes, L.... commun : sur le fusain, le saule. Sos (P. B.) ; plus commun en juin et juillet en Ariège ; hibernant.

Carinifrons. Bonv... rare ; pris au fauchoir à Gimont, en juillet, Sos (P. B.), en hiver dans les mousses du chêne.

Elateroïdes, Heer... rare ; sur les joncs à peu près toute l'année ; quelquefois dans les inondations en novembre, Gimont-Sos (P. B.).

Obtusus, Curt...... commun ; mêmes mœurs ; Sos (P. B.), au
vol le soir.

M. Lucante prend ces quatre espèces dans
les fagots de joncs et autres herbes qui
remplissent les fossés en Armagnac.

Drapetes, Redt.

Equestris, F......... très rare ; un seul exemplaire à Gimont
en juillet dans le bois d'un peuplier gâté.
Id. à Marciac (E. A.) ; dans les fagots de
chêne en juin à Sos (P. B.).

Tribu III. — EUCNEMIDÆ.

Melasis, Ol.

Buprestoïdes, L.... rare ; sur les branches mortes d'aulne à
Sos (P. B.).

*Larve : Erichson (Arch. Wiegm. 1848, I,
p. 84), Guérin (Soc. ent. 1843, p. 163).
Perris (Soc. ent. 1847, p. 541).*

Eucnemis, Ahr.

Capucinus, Ahr..... très rare ; dans les écorces et les rameaux
d'orme mort à Lectoure (A. L.). — Sos
(P. B.).

*Larve : Cussac (Soc. ent. 1857, bull. p. 74).
Perris (Soc. ent. 1871). De Bonvouloir
(Eucnemides, p. 49).*

Microrhagus, Esch.

Pygmæus, F....... très rare ; sous l'écorce de chênes morts,
et sur les aulnes en juin à Sos (P.B.).

Farsus, Dur.

Unicolor, Latr...... M. Bauduer l'a trouvé en abondance
dans une souche pourrie de chêne
à Sos.

Larve : Perris (Soc. ent. 1871), *de Bonvou-loir (Eucnemides,* p. 31).

Tribu IV. — ELATERIDÆ.

Adelocera, Latr.

Carbonaria, Schrk.. assez rare sur le saule dans notre région, en été ; quelquefois en hiver sous les écorces ou dans le bois carié ; à Sos sous les écorces détachées des pins. Gimont. — Auch (H.B.), Eauze (*abbé Sar-roméjean*), Sos (P. B.).

Larve : Lucas (Soc. ent. 1852, p. 268), *Perris (ibid.* 1854, p. 140) et (*Ins. pin marit.* 6, p. 178).

Varia, Ol.......... très rare, dans les vieilles souches de chêne à Sos (P. B.).

Larve : Blisson (Soc. ent. 1846, p. 67), *Guérin (ibid.* 1845, *bull.,* p. 104).

Lacon, Curt.

Murinus, L......... très commun ; en été en fauchant sur les prairies ; au vol le soir. Sos (P. B.), Marciac (E. A.), Campagne (G. B.), Lectoure, Courrensan, Layrac (A. L.) : très commun aussi dans les Pyrénées en août ; manque à Gimont.

Larve : Wetsw. (Introd., t. 1, p. 233), *Schiodte (l. cit.,* p. 207).

Drasterius, Esch.

Bimaculatus, Rossi, assez rare en fauchant en juillet sur les *et var.* pallipes, Kust. prés : Gimont.— Marciac (E. A.), Lec-toure (A. L.) ; commun à Sos sous les pierres (P. B.).

Larve : Perris (Larv. col. 1877, p. 184, ff. 215-216).

Elle vit, d'après cet auteur, dans les tas d'herbes en décomposition.

Elater, L.

Sanguineus, L...... commun à Sos dans les souches de pins décomposées ; hibernant (P. B.), Mézin (*de Castillon*).

Larve : Bouché (Naturg. 1824, p. 185), Perris (Soc. ent., 1854, p. 148, et Ins. pin marit., p. 187).

Cinnabarinus, Esch.. rare ; sur les branches du pêcher, et parfois dans le pin à Sos (P. B.).

Sanguinolentus, Sch. assez rare dans le vieux bois de saule à Sos (P. B.).

Pomonæ, Steph.... très rare ; à Sos dans les vieilles souches de pins (P. B.).

Præustus, F........ rare ; trouvé à Gimont en janvier dans le saule carié ; commun à Sos avec *Sanguineus* (P. B.).

Larve : Perris (Larv. col. 1877, p. 170).

Elle vit, d'après ce savant regretté, dans les souches du pin maritime, avec celle du *Sanguineus.*

Pomorum, Geoffr... pas rare à Sos (P. B.) ; plus rare à Gimont sur les arbres fruitiers et sur l'aulne. Lectoure, Courrensan (A. L.).

Larve : Curtis (Soc. ent. 1853, p. 43) ; Heeger (Sitzber. Wien. Acad. Wiss. 1854).

Crocatus, Geoffr.... rare ; dans le bois carié du saule et de l'aulne en hiver ; sur ces mêmes essences en été. Gimont.—Sos (P.B.), Lectoure un seul (A. L.).

Larve : Schiodte (Nat. tidsskr. p. 514), ***Perris*** *(Lar. col.* 1877, p. 171). Elle vit dans l'aulne.

Elongatulus, Ol..... rare ; avec le précédent à Sos (P. B.), Marciac (E. A.).

Balteatus, Ol...... rare ; dans le bois du saule en décomposition à Sos (P. B.).

*Larve : **Perris** (ibid.* p. 171).

Ruficeps, Muls...... assez rare à Sos dans l'écorce du chêne sous de petits lichens blancs. C'est là aussi, d'après M. Bauduer, que se trouvent : *Corymbites bipustulatus, Throscus Carinifrons* et le rare *Camptorhinus simplex.*

Megerlei, Lacd..... très rare ; en battant les haies à Sos (P.B.); à Courrensan et à Lectoure dans le quartier d'Ustareau (A. L.).

Æthiops, Lacd...... rare ; dans le bois carié du chêne et sur ses châtons à Sos (P. B.).

Nigerrimus, Lacd... rare ; dans les vieilles souches de pins et de chênes à Sos (P. B.), Meylan (A. L.).

Megapenthes, Kiesw.

Tibialis, Lacd...... assez rare ; sur le châtaignier et le saule, dans le bois carié du chêne-liège. Marciac (E. A.), Sos (P. B.), Meylan (A. L.).

*Larve : **Perris** (loc. cit.* p. 161, ff. 189-200). Elle vit dans le bois de châtaignier décomposé.

Lugens Redt....... rare ; sur le chêne-liège dont le bois décomposé nourrit sa larve. Sos (P. B.).

*Larve : **Perris** (ibid.* p. 165, f. 201-203).

Sanguinicollis. Panz. très rare à Sos en juin sur les fleurs de carotte, et dans les troncs de chêne-liège cariés (P. B.).

Betarmon, Kiesw.

Bisbimaculatus, Sch.. rare ; sur les ronces dans les lieux frais et ombragés en juillet à Sos (P. B.). Abondant en juin sur les bords de l'Adour sur les fleurs, surtout sur *Saponaria* (E. A.).

Cryptohypnus, Esch.

4 — pustulatus, F... rare ; en été sur les prairies, en février sous les herbes au bord des étangs. Courrensan (A. L.).

Pulchellus, L....... rare ; sous les pierres au bord des ruisseaux et dans les racines de *Triticum repens*. Sos (P. B.).

Curtus, Germ...... très rare ; en juin sur les cailloux au bord de l'Adour (E. A.).

Tetragraphus, Germ. très commun ; juin-septembre, sur les bords de l'Adour sous les cailloux (E. A.).

Lapidicola, Germ... commun ; même localité. (*Gobert. Cat.*, p. 181.)

Minutissimus, Germ. assez rare ; en été au fauchoir, sur les arbres et sur les haies ; en automne dans les détritus d'inondations. Gimont. — Courrensan (A. L.); commun à Sos (P. B.).

Bimaculatus, F., *et* rare ; en automne, à Gimont dans les dé-
***var*. Pallipes, Kust.** tritus d'inondations. — Marciac (E. A.), Sos (P. B.)

Cardiophorus, Esch.

Thoracicus, F...... très commun; dès le mois de mars dans les habitations; en été sur les fleurs, les plantes, un peu partout.

Ruficollis, L.......... rare; dans les souches de pin. à Sos (P.B.).

Larve: Schiodte (Nat. tidsskr., p. 496).

Rufipes, Fourcr.... commun sur les prés et les arbrisseaux en juin et juillet.

Larve : Perris (Larv. col, 1877, p. 171, et Soc. Linn., Lyon, 1877, p. 11, ff. 204-208).

Nigerrimus, Er..... rare; en fauchant en juin et juillet et sur le pin, à Sos (P. B.).

Asellus, Er.......... assez commun; sur le seigle. Lectoure (A. L.), Sos (P. B.). Sur les graminées au bord de l'Adour (E. A.).

Larve : Schiodte (l. cit., 494).

Atramentarius, Er.. très rare; sur le pin, à Sos (P. B.).

Cinereus, Herbst. . très rare; sur les herbes dans les terrains tourbeux. Courrensan, un seul (A. L.), Sos (P. B.).

Agnathus, Cand.... très rare ; sous les herbes entassées dans les marais. Sos (P. B.).

Equiseti, Herbst.... très rare; en fauchant, à Sos (P. B.).
Larve : Brauer (Werh. Wien. Zool. bot. ver., 1857, p. 131).

Melanotus, Esch.

Niger, F........... rare ; en été sur les herbes ; Gazaupoy, Meylan (A. L.), Sos (P. B.).

Larve : Bouché (Naturg., 1834, p. 186).

Castanipes, Payk... pas rare à Sos sur le chêne ; le soir au vol.

Larve: Schiodte (Nat. tidsskr., p. 513). Perris (Larv. col., p. 177).

Rufipes, Herbst..... assez abondant en été sur les arbres;
        Auch (H. B.), Marciac (E. A.), Gimont,
        Lectoure, Courrensan (A. L.); sur le pin
        à Sos (P. B.)

        Larve : Bouché (l. cit., p. 185). *Perris (Soc.
        ent.,* 1854, p. 134, et *Ins. pin. marit.*
        p. 172).

        Elle vit dans le chêne carié et sous les
        écorces des gros pins dans les galeries
        des longicornes.

Limonius, Esch.

Nigripes, Gyll...... très commun en été sur les herbes, en
        hiver au pied des arbres.

Parvulus, Panz..... rare ; sur le chêne à Sos (P. B.).

Minutus, L........ très rare ; pris en tamisant des feuilles à
        Sos, en hiver (P. B.).

Athous, Fisch.

Rufus, de G........ assez rare ; caché pendant le jour sous les
        écorces de pin, sous les troncs abattus.

        Larve : Perris (Soc. ent. 1854, p. 143).
        Schiødte (l. cit. p. 522).

        Elle vit au collet des troncs morts dans
        les vermoulures et les débris laissés par
        les larves de longicornes.

Rhombeus, Ol...... très rare ; sur le chêne à Sos (P. B.).
        Larve : Dufour (Ann. Sc. nat. 1840). *Curtis
        (Soc. ent.* 1853), *Perris (Soc. ent.* 1854,
        p. 143), *Schiødte* (l. cit. p. 523).

Niger L............ rare dans notre région, sur les prairies.
        Courrensan (A. L.) ; commun à Sos
        (P. B.).

        Larve : Chap. Cand. (Cat., p. 144, pl. V,
        f. 2).

3

Hæmorrhoïdalis, F.. rare dans notre région sur les arbres et sur les fleurs. Lectoure (*J. Dayrem*), Tarsac (A. L.), commun à Sos (P. B.). *Larve : Schiødte (l. cit., p. 525,.*

Vittatus, F.. ...... rare ; en juin et juillet sur les prairies. Gimont.—Lectoure (A. L.), Sos (P. B.).

Longicollis, Ol...... assez rare ; mai-juillet en fauchant sur les graminées dans les bois: Gimont. — Lectoure, Courrensan (A.'L.), Sos (P.B.).

Subtruncatus, Muls... rare ; en fauchant [en juin. Courrensan (A. L.), Sos (P. B.), un seul exemplaire. Je l'ai pris aussi à Alet (Haute-Garonne) près du Gers.

Difformis, Lacd..... commun ; mai-août, en fauchant, surtout dans les taillis de chênes.

Corymbites Latr.

Tessellatus........ rare ; sur le pin à Sos (P. B.). *Larve : Schiødte (l. cit., p. 518).*

Holosericeus, F.... commun à Sos sur les arbres et sur le genêt à balais (P. B.) ; id. à Meylan (A. L.), Mézin *(de Castillon)*.

Latus, F.......... commun à Sos sur les arbustes et les prairies (P. B.);très rare dans notre région. Auch (H. B.). *Larve : Perris (Larv. col. 1877, p. 117, et Soc. Linn. Lyon, 1877, p. 17, ff. 209-212).*

Bipustulatus, L..... rare ; sous les lichens blancs dans les écorces du chêne. Auch.—Marciac (E.A), Sos (P. B.).

Var. Cruciatus, L... assez rare ; sur le noisetier à Sos (P. B.).

Ludius, Latr.

Ferrugineus, L..... rare ; de juillet à septembre sur la plupart des arbres cariés. Auch , Gimont. — Meylan (A. L.).

Var. Occitanicus, V. plus rare que le type.

Larve : *Blisson (Soc. ent.* 1816, p. 65, f. 1), *Mulsant* et *Guillebeau* (7ᵉ *opusc.*, p. 187).

Agriotes., Esch.

Pilosus, Panz....... rare ; sur les arbres et les buissons ; le soir au vol. Lectoure (A.L.), Sos (P.B.).

Ustulatus, Schal. *et* assez commun sur les graminées et les
var.Blandus, Germ. fleurs en juin et juillet. Gimont.— Marciac (E. A.), Courrensan, Gagaupouy (A.L.), Sos (P. B.).

Larve : Perris (Larv. col. 1877, p. 182, f. 214).

Elle vit au collet de diverses plantes.

Sputator, L........ commun ; sur les prés en été.

Larve : Kollar (Naturg. der. Schaedl. ins., p. 149).

Lineatus, L .... extrêmement commun toute l'année ; en été, sur les prairies ; en hiver au pied des arbres.

Larve : de Géer (Mém. IV, p. 115). *Kollar* (*l. cit.* 1837, p. 105). — *Schiödte* (*l. cit.,* p. 516). Elle vit sous terre où elle nuit aux récoltes, en mangeant les graines confiées au sol (*Gobert. Cat.,* p. 184).

Obscurus, L....... commun ; mêmes mœurs.

Larve : Marsham (Trans. Linn. soc. t. IX, pl. 18, f. 4). *Wetswood (Introd.* t. I. p. 233).

Sordidus, Illig...... pas rare ; Campagne (G. B.).— Gimont.

Sobrinus, Kiesw..... commun ; sur les fleurs du sureau et sur le saule; juin-juillet. Marciac (E. A.), Sos (P. B.).

Gallicus, Lacd...... assez rare; tout l'été sur les arbustes et les herbes. Gimont. — Marciac (E. A.).

Sericosomus, Redt.

Brunneus, Kiesw. *et* rare; sur les fleurs, à Sos (P. A.); manque
var. Fugax, F... dans notre région.

Marginatus, L...... rare; sur les fleurs de sureau. Lectoure, Courrensan (A. L.); plus commun à Sos (P. B.).

Ctenonychus, Steph.

Filiformis, F........ assez rare; en juillet sur *Salix vitellina*. Gimont.— Sur l'Adour à Tarsac (A. L.), Sos (P. B.).

Adrastus, Esch.

Limbatus, F......... commun; en juillet sur les prés. Gimont. — Marciac (E. A.), Sos (P. B.).

Pallens, F.......... très rare à Gimont; mêmes mœurs. Moins rare à Lectoure, à Courrensan (A. L.); commun à Sos (P. B.).

Pusillus, F........ commun; sur les arbres en juillet.

Humilis, Er......... très commun; sur les fusains, sur les taillis de chêne, sur les joncs. Juin-juillet.

Campylus, Fisch.

Linearis, L......... très rare; sur les herbes en juillet. Marciac (E. A.); sur l'Adour à Tarsac (A.L.); moins rare sur les pins à Sos (P. B.).

Larve : *Stroem.(Hans. Nogle.Ins.,* t. II, p. 375). *Chap. Cand.* (*Mém. Soc. sc. Liège*, VIII, p. 486, pl. V, f. 2.)

MALACODERMES.

—

Tribu I. — CYPHONIDÆ.

Melodes, Latr.

Minutus, L......... assez rare; sur les buissons, les arbres, en
été auprès des eaux. Gimont. — Marciac
(E. A.), Lectoure (A. L.), Sos (P. B.).
Campagne (G. B.)

Larve : Chap. Cand. (Cat., p. 155, sous le
nom de *Cyphon pallidus*).

Marginatus, F...... rare; mêmes mœurs; à Sos (P. B.).

Elongatus, Tourn... assez rare; mêmes mœurs; à Lectoure
(A. L.)

Microcara, Thoms.

Testacea, L........ très rare; mêmes mœurs. Un seul exem-
plaire à Layrac, au bord du Gers (A. L.),
Sos (P. B.), plus commun. — Marciac
(E. A.).

Cyphon, Payk.

Coarctatus, Payk... assez rare; de juin à septembre sur les
arbres dans les lieux frais et humides.
Gimont. — Commun à Sos (P. B.).

Nitidulus, Thoms... assez rare ; en juillet; mêmes mœurs. Gimont. — Sos (P. B.), commun.

Variabilis, Thumb.. rare à Gimont; commun à Sos (P. B.) ;
mêmes mœurs.

Larve : Frauenfeld (Soc. Zool. Bot. Vienne,
1866, p. 369). Elle vit sous la lentille
d'eau.

Pallidulus, Bohem.. rare ; mêmes mœurs. Gimont.— Lectoure,
Laplaigne (A. L.).

Padi, L............. rare; en été sur les arbustes; très commun,
　　　　　　　hivernant sous les mousses, à Sos (P.B).

Var. Gratiosus, Tour. très rare; avec le précédent à Sos (P. B.).

Depressus, Muls.... très rare; mêmes mœurs; à Sos un seul
　　　　　　　individu sur le chêne sur un terrain
　　　　　　　très sec (P. B.). Je prends cette espèce
　　　　　　　en quantité en septembre et octobre dans
　　　　　　　un lieu marécageux, dans les Basses-
　　　　　　　Pyrénées, à Lahourcade.

Baudueri, Tourn.... très rare; mêmes mœurs. Sos (P. B.).

Prionocyphon, Redt.

Serricornis, Müll... très rare; dans les souches pourries de
　　　　　　　chêne en juin, à Cadignan, près Gimont;
　　　　　　　sur les pousses de chêne tauzin en juin
　　　　　　　et juillet, à Sos (P. B.), Marciac (E. A.).

Hydrocyphon, Redt.

Deflexicollis, Müll.. très rare; en fauchant au bord des marais,
　　　　　　　à Sos (P. B.).

Scirtes, Illig.

Hemisphæricus, L... très commun, au printemps sur les saules
　　　　　　　dans les lieux humides, à Sos (P. B.).

Orbicularis, Panz... moins commun; id.,　id.　Sos (P. B.).

Eubria, Redt.

Palustris, Germ.... rare; sur les herbes au bord des eaux, à
　　　　　　　Sos (P.B.).

Eucinetus, Germ.

Hæmorrhoïdalis, G.. assez rare à Sos (P. B.), sous les écorces
　　　　　　　de pins couvertes de mycelium, et dans
　　　　　　　les feuilles décomposées.

Meridionalis, Cast.. très rare dans le Gers; un seul individu à

Lectoure (A. L.); à Sos sous les écorces fongueuses (P. B).

Larve : Perris (Soc. ent., 1856, p. 48).

Tribu II. — LYCIDÆ.

Dictyopterus, Latr.

Sanguineus, L...... commun de juin à août sur les fleurs de tilleul, de carotte, d'hyèble.

Larve : Perris (Soc. ent., 1845, p. 188, pl. IX, f. 15). Vit dans les troncs cariés du châtaignier et autres amentacés.

Eros, Newm.

Cosnardi, Chevrl... un seul individu en mai, en fauchant sur les prairies humides en Armagnac (*Gobert*, Cat., p. 189).

Omalisus, Geoffr.

Suturalis, F........ rare; sur les prairies humides, sur les fleurs du cornouiller, juin-juillet. Marciac.— Eauze (*Sarroméjean*), Courrensan (A. L.), — Sos (P. B.).

Tribu III. — LAMPYRIDÆ.

Lampyris, Geoffr.

Noctiluca, L....... très commun tout l'été. Le mâle vole le soir autour des flambeaux; la femelle, aptère, se décèle dans le gazon par sa vive lueur. Juillet-septembre.

La larve, bien connue sous le nom de *Ver-luisant*, a été décrite par M. *Mulsant* (*Mollipennes*, p. 78).— *Lucas* (*Soc. ent.,* 1851, p. 101), etc.

Mulsanti, Kiesw.... commun aux mois de mai et de juin; mêmes mœurs. Gimont.

La femelle, d'un blanc jaunâtre, a les elytres réduites à l'état d'écailles triangulaires.

Phosphænus, Cast.

Hemipterus, F...... très rare; en fauchant rez-terre; à Sos (P. B.).

Larve : Müller (Magaz. fur Ins., IV, 1822), *Mulsant* (Mollip.).

Tribu IV. — DRILIDÆ.

Drilus, Ol.

Flavescens, F...... le mâle, ailé, est commun de mai à août sur les fleurs et les herbes; la femelle, aptére, est plus rare ou beaucoup plus difficile à trouver; elle vit, comme la larve, dans les escargots.

Larve : Mulsant (*Mollip.*, p. 425, f. 21). L'*Abeille*, 1870, nouv. 14.

Tribu V. — TELEPHORIDÆ.

Telephorus, Schæff.

Fuscus, L .... commun dans la région nord du département et dans celle des Landes. Lectoure, Courrensan (A. L.). — Sos (P. B.).

Larve : Mulsant (*Mollip.*, p. 182) et plusieurs autres.

Rusticus, Fall...... très commun dans le Gers; avril-juin. Moins commun dans la région des Landes. Sur les arbres, les fleurs, partout.

Obscurus, L........ rare. Sos (P. B.), Marciac (E. A.).

Pulicarius, F....... commun; avril-mai; sur l'érable et les
                 arbustes des haies.

Nigricans, Mull...... très rare ; mêmes mœurs. — Lectoure
                 (A. L.).

Pellucidus, F....... très rare; sur les châtons du hêtre; juin-
                 juillet. Marciac (E. A.), Sos (P. B.).

Lividus ,   L.   *et* très commun; comme *rusticus*.
var. Dispar, Payk   *Larve : Blanchard (Mag. Zool., 1836).*
et Flavus de G.

Rufus, L........... commun; fin juin, sur les saules et les
                 prairies humides.
                 Larve : Waterhouse (Trans. ent. soc. Lond.,
                 1836, p. 31).

Fulvicollis, F...... rare; mêmes mœurs. Marciac (E. A.). —
                 Sos (P. B.).

Lateralis , Schrk. *et* très commun ; mai-juillet, sur les grami-
var. Oralis, Germ.   nées dans les prairies.

Bivittatus, Mars.... très rare; sur les chênes, à Sos (P. B.).

Rhagonycha, Esch.

Fuscicornis, Ol..... assez rare; mai-juin; sur les arbres. Gi-
                 mont. — Courrensan A. L.).

Nigriceps, W....... rare; même habitat. Sos (P. B.'.

Melanura, L........ très commun; partout, mai-juillet.

Testacea, L........ rare; à Sos, sur les arbres fruitiers (P. B.).

Femoralis, Brul.... commun; mai-juillet; partout.

Pallida, F.......... assez rare; sur les saules, à Sos (P. B.).

Tribu VI. — MALTHINIDÆ.

Malthinus, Latr.

Fasciatus, Fall..... assez commun ; en mai et juin sur le chêne,
                 le hêtre et autres arbres. Gimont. —
                 Lectoure, Courrensan. — Sos (P. B.).

Var. Seriepunctatus, assez rare; mêmes mœurs. Sos (P. B.). Kiesw.

Var. Balteatus, Kust. assez rare; mêmes mœurs. Sos (P. B.).

Rubricollis, Baudi.. rare; sur les arbres en mai et juin. Gimont. — Sos (P. B.).—Marciac (E. A.).

Glabellus, Kiesw... assez rare; sur le coudrier; mai-juin. Sos (P. B.)

Punctatus, Fourc... assez commun; sur l'orme, le charme. Gimont. — Marciac (E. A.), Sos (P. B.).

Scriptus, Kiesw.... rare; sur les arbustes, en juin et juillet. Gimont.—[Lectoure, Courrensan (A. L.).

Frontalis, Marsh.... assez commun; à Sos, sur l'orme et le charme.

Malthodes, Kiesw.

Minimus, L........ assez commun; à Sos, sur divers arbres (P. B.).

Marginatus, Latr... très commun; sur le chêne et sur les herbes dans les lieux frais. Sos (P. B.).

Dispar. Germ....... rare ; mêmes mœurs. Gimont. — Sos (P. B.).

Brevicollis, Payk... commun; sur les arbres et les herbes dans les bois, et un peu partout; mai-juillet.

Tribu VII. — MALACHIDÆ.

Malachius, F.

Æneus, L............ très commun; mai-août, sur les graminées. *Larve (Soc. ent.,* 1852, p. 591). — *Hammerschmidt (De Ins. agr. damnosis, Viennæ,* 1832).

Bipustulatus, L..... très commun partout; mai-aout. *Larve : Heeger (Sitzber. Wien, ac wiss.,* 1857, p. 320) et (*Soc. ent.,* 1863, Bull. 138).

Viridis, F............. rare ; mêmes mœurs. Sos (P. B.).

Marginellus, Ol..... très commun ; partout sur les graminées.

Larve : Elle vit sous les écorces de divers arbres aux dépens des larves des xylophages.

Elegans, Ol........ très rare ; pris une fois en juin sur les herbes à Gimont. — Sos (P. B.).

Axinotarsus, Er.

Pulicarius, F....... très commun ; sur les plantes, mai-août.

Larve : Perris (Larv. col. 1877, p. 188, ff. 217-219) et (Ann. Soc. Linn. Lyon 1876). Elle est carnassière, et vit de larves sous les écorces de l'orme.

Marginalis, Er...... très commun ; mêmes mœurs, aussi bien que la larve.

Ruficollis, F....... commun ; mêmes mœurs, mai-juillet.

Anthocomus, Er.

Sanguinolentus, F.. très rare ; pris une seule fois à Barbotan (Gers), au commencement d'octobre sur de jeunes pousses de chêne.

Equestris, F........ très rare ; sur les graminées et les jeunes charmilles à Gimont. — Sos (P. B.).

Fasciatus, L....... rare ; mêmes mœurs. Un seul exemplaire à Lectoure (A.L.).—Sos(P.B.)—Gimont. Sa larve vit dans les vieux bois de chêne et de chataignier aux dépens des autres larves (Gobert. Cat. p. 193).

Fenestatrus, Lind. très rare ; à Sos sur les fleurs du châtai-
regalis, Charp... gnier, mai-juillet (P.B.).— Meylan (A. L.).

Attalus, Er.

Lateralis, Er....... assez commun ; mai-juin, dans les toitures de chaume à Sos (P. B.).

          Larve : Perris (Ins. pin marit., p. 199, et *Soc. ent.* 1854, p. 593).

          Vit sous les écorces des jeunes pins morts, aux dépens des larves de *Bostrichus bidens.*

Amictus, Er........ rare ; sur les arbres et les fleurs ; mai-juin. Gimont, un seul exemplaire.

Analis, Panz....... rare ; mêmes mœurs. Gimont. — Sos (P. B.). — Marciac (E. A.).

Lobatus, Ol........ commun ; sur les ormes et le lierre ; mai-juin. Gimont. — Lectoure (A. L.). — Sos (P. B.).

          Sa larve vit sous les écorces de plusieurs arbres. (*Gobert., l. cit.*)

Ebæus, Er.

Thoracicus, Ol..... très commun ; mai-août ; sur les arbres fruitiers, les arbustes, les fleurs.

          Mœurs : Bédel (Soc. ent. 1872. *Bull.* LI).

Hyphebæus, Kiesw.

Albifrons, Ol........ commun ; mai-septembre ; sur les arbres fruitiers, les arbustes, les herbes, le lierre. Gimont. — Lectoure, Courrensan (A. L.). — Sos (P. B.).

          Larve : Perris (Soc. Liège, 1855, p. 241).

Flavipes, F........ rare ; sur les arbres et les herbes à Sos (P. B.).

Charopus, Er.

Pallipes, Ol........ pas rare ; mai-juillet ; sur les arbustes et les herbes. Gimont. — Lectoure (A. L.). — Sos (P. B.).

Troglops, Er.

Albicans, L......... très rare ; obtenu à Sos de l'orme mort (P. B.).

Dufouri, Perris.... assez rare à Sos, où M. Bauduer le prenait le soir, au vol, autour des lierres en fleur où vit probablement sa larve.

Colotes, Er.

Maculatus, Cast..... commun ; sur les buissons et les herbes ; juin-septembre. Gimont. — Courrensan (A. L.). — Sos (P. B.).

Tribu VIII. — DASYTIDÆ.

Dasytes, Payk.

Niger, L........... commun ; sur les saules et les herbes des prairies ; mai-juillet. Gimont. — Sos (P.B.).

Pilicornis, Kiesw.... rare ; à Sos sur les châtons du chêne ; mai (P. B.).

Griseus, Kust...... rare ; à Gimont sur les graminées et les fleurs.

Cæruleus, F........ rare ; avril-juillet ; sur les fleurs dans les prairies, Gimont. — Courrensan (A. L.). — Sos (P. B).

Larve : *Laboulbène (Soc. ent. 1858, p. 513).*

Plumbeus, Illig..... commun ; sur les châtons du chêne, sur les prairies en mai et juin.

Larve : Perris (Soc. ent. 1854, p. 599 ; Soc. Linn. Lyon, 1876 ; Larves col. 1877, p. 196, ff. 228-233).

Elle vit dans divers bois dans les galeries *d'Exocentrus*.

Flavipes, F........ commun ; mêmes habitats.

Subæneus, Schm.... rare ; à Gimont ; Lectoure (A. L.), sur les fleurs des côtes arides, le long des bois.

Ærosus, Kiesw...... commun ; à Sos sur les châtons du pin (P. B.).

Coxalis, M. R........ rare ; sur les haies à Sos en mai et juin (P. B.).

Dolichosoma, Steph.

Lineare, F.......... assez rare ; juin-août, sur les prairies. Gimont. — Marciac (E. A.). — Lectoure (A. L.). — Sos (P. B.).

Nobile, Illig........ très commun ; sur les fleurs dans les prairies, avril-juillet.

Larve : Mulsant et Mayet (15e opusc., p. 87). Perris (Soc. Linn. Lyon. 1876 et Larv. col. 1877, p. 199, f. 234). M. Perris l'a trouvée dans les tiges d'Eryngium maritimum.

Submicaceum, Muls. rare à Sos (P. B.).

Subdentatum, Muls..   id.   id.

Haplocnemus, Steph.

Pini, Redt......... commun ; le long des haies et dans les bosquets en été, sous les mousses en hiver. Gimont. — Lectoure (A. L.). — Sos (P. B.).

Danacæa, Cast.

Pallipes, Panz...... très commun ; sur les haies en mai et juin.

Flava, Kiesw....... rare ; mêmes mœurs. Gimont. — Sos (P. B.).

Tomentosa, Panz... moins commun ; mêmes mœurs ; juin-juillet. Gimont. — Lectoure (A. L.). — Sos (P. B.).

Longiceps, Muls. R. rare ; sur les saules au printemps en Armagnac (*Gobert. l. cit.*, p. 196).

Phloïophilus, W.

Edwardsi, Steph... très rare ; à Sos en hiver dans les branches de pin mort (P. B.).

TÉRÉDILES.

Tribu I. — CLERIDÆ.

Tillus, Ol.

Elongatus, L........... rare ; sur le saule. Gimont, un seul. — Sos (P. B.).

Larve : Perris (Larv. col. 1877, p. 201, ff. 235-240 et *Soc. ent.* 1847, p. 32).

Elle vit dans les bois attaqués par les *Ptilinus*, les *Pogonocherus* qu'elle chasse, ainsi que l'insecte parfait.

Unifasciatus, F..... rare dans notre région ; plus commun à Sos ; dans les vieux sarments (P. B.).

Larve : Perris (Soc. ent. 1847, p. 32).

Elle vit, d'après cet auteur, aussi bien que l'insecte parfait aux dépens des *Sinoxylon* qui rongent les sarments morts.

Opilus. Latr.

Mollis, L............ rare ; dans la région des pins ; s'obtient en renfermant pendant l'hiver des branches de pin.

Larve : Perris (Soc. ent. 1854, p. 608, et *Ins. pin marit.,* p. 214). — *Waterhouse* (*Trans. ent. Soc. Lond.* 1836. I, p. 30). — *Mœurs : (Soc. ent.* 1838, *bull.* LVI).

Elle vit aux dépens des *Xylopertha,* des *Anobium,* des *Bostrichus* qu'elle chasse dans leurs galeries.

Domesticus, Sturm. assez rare ; dans les habitations ; sur le lierre, le pin. Gimont, Samatan. — Lectoure, Courrensan (A. L.). — Marciac (E. A.). — Sos (P. B.). Avril-octobre.

Larve : Letzner (Arb. Schles. Gesells. 1856, p. 104). — Chap. Cand. (Cat. p. 167).— Soc. ent. bull. LXVI.

Elle donne la chasse aux insectes lignivores et à leurs larves, aux *Tamnophilus carbonarius , Mordellistena inœqualis , Anobiun 'longicorne , Clytus massiliensis,* etc., etc.

Pallidus, Ol........ rare ; dans les habitations au printemps ; je l'ai obtenu de divers bois cariés d'orme, de fusain ; de pin, de chêne à Sos (P. B.), sur le châtaignier à Meylan (A. L.), avril-octobre. .

Larve : Perris (Soc. Linn. Lyon, 1876, et Larv. col. 1877, p. 204, f. 241). Mêmes mœurs.

Clerus, Geoff.

Mutillarius, F...... rare à l'est du département ; très commun dans la région des pins, sur le tronc des arbres, où il donne la chasse aux insectes. Avril-octobre.

Larve : Mulsant (Angustic., 48). Elle vit dans les galeries des insectes lignivores, dans l'orme, le chêne, le peuplier.

Rufipes, Brahm.... assez rare dans la région des pins, sur les rameaux de ces arbres récemment abattus. Sos (P. B.). — Meylan (A. L.).

Formicarius, L...... commun ; mai-août ; sur le tronc des arbres, dans les bûchers, donnant la chasse aux insectes lignivores.

Larve : Perris (Soc. ent., 1854, et Ins. pin marit., p. 209). — Chap. Cand. (Cat., p. 166). Carnassière, vit aux dépens des larves lignivores.

4 — Maculatus, F... rare; sur l'écorce des vieux pins, à Sos (P. B.).

Larve: Perris (ibid.). Elle vit aux dépens des chenilles de *Tineites*.

Tarsostenus, Spin.

Univittatus, Rossi... commun parfois sur les bois fraîchement coupés attaqués par les *Lyctus*. Nous l'avons pris une fois, M. Lucante et moi, en quantité sur un tas de barres de saule dévorant les *Lyctus canaliculatus*, qui y venaient déposer leurs œufs.

Larve : Perris (*Soc. ent. Liége*, 1865, p. 238). Elle vit aux dépens des *Lyctus* comme l'insecte.

Trichodes, Herbst.

Alvearius, F....... très commun; mai-août, sur les fleurs.

Larve : Perris (*Soc. ent.*, 1854, et *Ins. pin marit.*, p. 119). Elle vit dans les ruches d'abeilles.

Apiarius, L........ très commun dans les Landes et à Sos (P. B.). Mêmes mœurs.

Larve: Chap. Cand. — *Mulsant* (*Angustic.*, p. 85).

Enoplium, Latr.

Serraticorne, F..... trouvé une fois à Lectoure, sur la porte de son habitation, par M. Lucante.

Corynetes, Herbst.

Cœruleus, de G.... commun toute la belle saison sur les arbres et les fleurs; dans les troncs cariés et sous les mousses, en hiver.

Ruficornis, Sturm.. assez commun à Sos, sur les arbres et dans les matières en décomposition(P.B.); aussi à Gimont, Auch.

Larve : Perris (Soc. Linn., Lyon, 1876, et
Larv. col., p. 204, f. 242). Elle vit dans
les matières animales en décomposition,
attaque, dans les bois, les larves d'*Anobium ;* se trouve aussi dans les nids de
frelons.

Ruficollis, Ol........   assez rare ; dans les petits cadavres dessé-
chés. Gimont. — Lectoure (A. L.) — Sos
(P. B.), Marciac (E. A.).

Larve : Heeger (Isis, 1848, p. 974). — *Mulsant (Angustic.*, p. 119). — *Perris (Soc.
Linn., Lyon*, 1876, et *Larv. col.*, 208,
ff. 243-244). Vit dans les vieux os.

Rufipes, F........   assez rare ; à Sos, sur les murs, au printemps, sur le panis en herbe (P. B.).

Violaceus, L.......   assez rare ; parfois abondant sur les cadavres. Gimont, — Courrensan (A. L.). —
Sos (P. B.).

Tribu II. — HYLECŒTIDÆ.

Lymexylon, F.

Navale, L........   rare dans les branches mortes du châtaignier ; le soir au vol. Sos (P. B.).

Larve : Wetswood (Introd., t. 1), etc.

Tribu III. — SINOXYLIDÆ.

Apate, F.

Capucina, L.......   commun, sur les gros troncs de chêne
mort ; juin.

Larve : Perris (Soc. ent., 1850, p. 555). —
Ratzeburg (die Fortins., t. I, p. 231). Vit
dans le chêne mort.

Var. Nigra........   beaucoup plus rare ; sur le chêne ; aussi
sur le figuier, à Meylan (A. L.).

Varia, Illig.......... commun à Sos (P. B.) sur le bois de châtaignier mort.

Larve : Perris (Soc. ent., 1850, p. 553).
Elle vit dans les écorces mortes du châtaignier.

Dinoderus, Steph.

Substriatus, Payk... assez rare ; sur les piquets de pin ; à Sos (P. B.). — Meylan (A. L.).

Larve : Perris (Soc. ent., 1862, p. 211, et *Ins. pin marit.*, p. 490). Sous les écorces des piquets de pin.

Sinoxylon, Duft.

Sexdentatum, Ol... très abondant toute l'année dans les vieux sarments de vigne, et dans les rameaux secs de bois tendres.

Larve : Perris (Soc. ent., 1850, p. 555). Elle vit dans les mêmes bois.

Xylopertha. Guér.

Sinuata, F.......... commun ; dans le bois mort de figuier ; dans les sarments. Samatan, septembre, Gimont. — Sos (P. B.).

Larve : Perris (Soc. ent., 1850, p. 555). Dans le chêne, le châtaignier, le figuier, etc.

Pustulata, F....... plus rare ; mêmes mœurs. Samatan, en septembre.

Larve : Perris (*Larv. col.*, 1877, p. 219).

Tribu IV. — LYCTIDÆ.

Lyctus, F.

Canaliculatus, F.... très commun ; dans le chêne, sur les branches sèches de saule, de peuplier.

> *Larve :* *Perris* (*Larv. col.*, 1877, p. 220,
> f. 247-250). Elle vit, d'après cet auteur,
> dans l'aubier de la plupart des essences.

Impressus, Com.... assez rare ; sur le chêne, le saule, la clé-
matite. — Gimont. — Sos (P. B.).

Tribu V. — CIIDÆ.

Xylographus, Mel.

Bostrichoïdes, Duft.. commun dans les bolets amadouviers.
Gimont. — Sos (P. B.).

> *Larve : Dufour* (*Soc. ent.*, 1850, p. 551).

Ropalodontus, Mel.

Fronticornis, Panz.. très commun ; à peu près toute l'année,
dans les bolets et les agarics qui pous-
sent sur les arbres.
La larve se trouve d'ordinaire avec l'insecte
parfait.

Baudueri, Ab...... assez commun à Sos avec *Xylographus.*
Courrensan (A. L.).

Cis, Latr.

Boleti, Scop....... très commun à peu près toute l'année dans
les bolets passés de tous les arbres.

> *Larve : Bouché* (*Naturg.*, p. 203). — *Wets-*
> *wood* (*Introd.*, t. I, p. 279). — *Mellié*
> (*Soc. ent.*, 1848, p. 212).

Rugulosus, Mel. ... assez rare ; mêmes mœurs. Samatan, Gimont. — Lectoure, Courrensan (A. L.).
Sos (P. B.).

Setiger, Mel....... très commun : id.

> *Larve : Perris* (*Larv. col.*, 226).

Micans, Herbst..... rare à Sos (P. B.), Courrensan (A. L.).

Hispidus, Payk....... commun; bolets et agarics du chêne.
Gimont. — Sos (P. B.).

Larve : Perris, ibid.

Comptus, Gyl...... rare; à Sos dans le *Polyporus tomentosu s*
(P. B.).

Laminatus, Mel.... commun à Sos, dans le *Dedalœa maxima*,
sur les souches de pin (P. B.). — Cour-
rensan (A. L.).

*Larve : Perris (Ins. pin marit., p. 497) et
Soc. ent., 1848, p. 318). — Mellié (Soc.
ent., 1848, p. 319).*

Perrisi, Ab......... assez rare à Sos, dans les vieilles souches
fongueuses (P. B.).

Nitidus, Herbst..... très commun dans les bolets. Gimont. —
Sos (P. B.)

Glabratus, Mel..... commun; toute l'année dans les agarics
de l'écorce du chêne; Gimont; jusqu'en
novembre.

Alni, Gyll..... .... commun sur les rameaux de chêne attaqués
par les champignons. Sos (P. B.).

*Larve : Lucas (Explor. de l'Algérie, 2ᵉ part.,
1847, p. 469, sous le nom de C. punctu-
latus).*

Var. Recticollis, Ab. rare; dans les bolets du chêne, du pin.
Sos (P. B.).

'Coluber, Ab. ...... très commun; à Sos, sur les branches de
chêne et de châtaigner couvertes de my-
celium.

*Larve : Perris (Larv. col., 1877, p. 223,
ff. 251-253, et Soc. Linn., Lyon. 1876).*

Oblongus, Mel..... commun; à Gimont, sous les écorces fongueuses. — Sos (P. B.).

Bidentulus, Rosenh.. très commun; dans les bolets du chêne,
du peuplier, du charme, etc.

Festivus, Panz..... rare; dans les bois de chêne et de chêne-liège décomposés et fongueux, dans le *Polyporus versicolor*, à Sos (P. B.).

Castaneus, Mel..... assez commun; sous les écorces fongueu-ses. Sos (P. B.).

Pruinosulus, Perris. assez rare; dans l'orme; à Sos (P. B.). — Courrensan (A. L.).

Vestitus, Mel....... très rare; avec *festivus*, à Sos (P. B.).

4—dentulus, Perris. rare; dans les bolets du chêne-liège, à Sos (P. B.).

Bicornis, Mel...... assez rare; dans les bolets, à Sos (P. B.).

Ennearthron, Mel.

Cornutum, Gyll.... commun; dans les bolets. Lectoure (A. L). Sos (P. B.).

Larve : *Perris (Ins. pin marit. p. 245, et Soc. ent., 1854, p. 639). — Mellié (Soc. ent., 1849).*

Affine, Gyll........ très commun dans tous les agarics para-sites des vieux arbres.

Filum, Ab.......... assez commun avec *Cis festivus*, à Sos (P. B.).— Meylan (A. L.).

Orophius, Redt.

Glabriculus, Gyll.... très commun; avec *Cis nitidus*.

Tribu V. — ANOBIDÆ.

Dryophilus, Chevrl.

Pusillus, Gyll...... assez commun à Sos, sur les genêts (P. B.).

Longicollis, Muls... Sos (P. B.); très rare.

Densipilis, Ab...... id.   id.

Priobium, Mots.

Castaneum, F...... assez rare ; dans les bois de saule, de châtaignier, d'aulne. Sos (P. B.).

Anobium, F.

Striatum, Ol..... . très commun ; dans les babitations ; mai-aout. C'est l'insecte qui attaque la plupart des bois des charpentes et des meubles.

    Larve : Rouzet (Soc. ent., 1849, p. 311). — *Perris (ibid.,* 1854, p. 640 et *Ins. pin marit.,* p. 236).*

Fulvicorne, Sturm.. assez commun ; dans les branches mortes du charme. — Sos (P. B.).

    Larve : Perris (Larves col., 1887, p, 230). Elle vit dans le châtaigner, le charme.

Hirtum , Illig.   assez rare ; dans les habitations en juin et
Tomentosum,Muls. juillet, sur les aubépines. Gimont. — Lectoure, Courrensan (A. L.). — Sos (P. B.).

Fasciatum , Duft. assez rare ; dans les habitations, en juin et
Hirtum Muls.... juillet.

Baudueri, Pand..... rare ; à Sos (P. B.).

Paniceum, L....... très commun ; dans les herbiers, les vieilles pâtes.

Xestobium, Mots.

Tessellatum, F...... commun ; dans les maisons, dans les vieux bois de chêne, de châtaignier. Gimont. — Sos (P. B.).

    Larve : Chap. Cand. (p. 169). — *Bouché (Naturg.,* p. 187).

Ernobius, Thoms.

Abietinus, Gyll..... rare; sur les vieux bois, à Sos (P. B.).

Pruinosus, Muls.... commun; à Sos, au printemps et en été sur le pin (P. B.).

Angusticollis, Ratz.. rare; sur les vieux bois, à Sos (P. B.).

Abietis, F.......... commun; dans le bois de pin, à Sos (P.B.).
Larve : Perris (Soc. ent., 1854, p. 628 et Ins. pin marit., p. 234). — Rouzet (Soc. ent., 1849, p. 308).

Mollis, L.......... commun; dans le pin, à Sos (P. B.)
Larve : Perris (Ins. pin marit., p. 229 et Soc. ent., 1856, p. 622).

Consimilis, Muls.... commun; sur le pin, les haies, à Sos (P. B.); très rare à Lectoure (A. L.).

Parens, Muls. *et var.* assez commun; sur les jeunes pousses de
Crassicornis, Muls. pin, à Sos (P. B.).

Pini, Sturm....... très rare; sous les écorces du pin, à Sos (P. B.).
Larve : Flauenfeld (Soc. zool. bot. Vienne, 1864).

Longicornis, Sturm. commun; sur le bois de pin, à Sos (P. B.).
Larve: Perris (Ins. pin marit., p. 235 et Soc. ent., 1854, p. 629).

Densicornis, Muls... très rare; dans les brindilles du pin, à Sos (P. B.).

Baudueri.......... commun; à Sos (P. B.).

Oligomerus, Redt.

Brunneus, Sturm... rare; dans les bois de chêne et de frêne. Sos (P. B.).
Larve: Perris (Soc. Linn. Lyon, 1876).

Gastrallus, Duv.

Lævigatus, Ol...... assez rare; dans divers bois. Lectoure
(A. L.).— Sos (P. B.).
Larve : Perris (Larv. col., 1877, p. 233,
f. 257-259). Elle vit dans le châtaignier,
le chêne, l'orme, le prunier, etc.

Ptilinus, Geoff.

Costatus, Gyll...... rare; sur le saule dans le bois mort, en
juin. Sos (P. B.).

Pectinicornis, L.... commun; sur le saule; juin-août.
Larve : Perris (Soc. Linn. Lyon, 1876, et
Larves col., 1877, p. 236, f. 260-263). Elle
vit dans les vieux bois de saule, de
sapin, de tilleul.

Ochina, Steph.

Hederæ, Mull ..... assez commun sur le lierre; Lectoure,
Courrensan (A. L.). — Sos (P. B.).
Larve : Dufour (Soc. ent., 1843, p. 313).

Calypterus, Muls.

Bucephalus, Illig... 1 exemplaire en juin, au fauchoir dans le
bois de Fontenilles, près Gimont.

Xyletinus, Latr.

Ruficollis, Gebl..... très rare; au vol, le soir à Sos (P. B.).

Pectinatus, F....... très rare;   id.   id.
Larve : Letzner (Berl. ent. zeit., 1859).

Oblongus, Muls.... rare; à Sos, sur le poirier mort, sur divers
arbres (P. B.).
Larve : Perris (Larv. col., 1877, p. 239,
f. 264). Elle vit dans les brindilles du
pommier, du pêcher.

Laticollis, Duft..... rare; pris au vol à Gimont; sur le pin à
Sos (P. B.). — Marciac (E. A.).

Pseudochina, Duv.

Serricornis. F . . . . . un seul exemplaire pris au filet, à Gimont.
Larve : Perris (Larv. col., 1877, p. 240, ff. 264-267).

Mesocœlopus, Duv.

Niger, Müll. . . . . . . commun ; sur le lierre, en juin.
Larve : Dufour (Soc. ent. 1843, p. 321).

Collaris, Muls. . . . . . commun ; avec le précédent.

Dorcatoma, Herbst.

Dresdensis, Herbst. . rare ; dans la carie du chêne à Samatan en septembre et octobre. — A Sos (P. B.).
Larve : Herbst. (Ent. Hefte., 2, p. 96).

Punctulata, Muls. . . Sos (P. B.).

Serra, Panz. . . . . commun ; dans le *Boletus suberosus*, parasite de divers arbres ; à Sos (P. B).
Larve : Perris (Soc. Linn. Lyon 1876 et *Larv. Col.* 1877, p. 241.)

Domneri, Ros. . . . . . commun ; à Sos dans le *Boletus suaveolens* du saule et du peuplier (P. B.).
Larve : Perris (ibid., p. 241).

Setosella, Muls. . . . . commun à Sos dans le *Boletus pini* (P.B.).
Larve : Perris (ibid.).

Chrysomelina, Stur. commun dans la région des pins dans le *Dedalœa maxima*, bolet parasite du pin. Sos (P. B.). — Meylan (A. L.).
Larve : Perris (Soc. ent. 1862, p. 208 et *Ins. pin marit.*, p 492).

Bovistæ, Koch. . . . . . rare ; dans les bolets à Sos (P. B.).

Enneatoma.

Subalpina, Bon..... assez rare ; en fauchant dans les bois en juin et juillet, à Sos (P. B.).

La larve vit dans les *Lycoperdon* (*Gobert. Cat.*, p. 207).

Affinis, Sturm..... assez rare ;   id.   id.   à Sos (P. B.).

Subglobosa, Muls... très rare ; un seul exemplaire pris en octobre dans les détritus d'inondation à Gimont. Sous les mousses, en hiver, à Sos (P. B.).

Amblytoma, Muls.

Rubens, Ent.... ... très rare ; dans les chênes cariés et fongueux à Sos (P. B.).

Larve : *Letzner* (*Arb. schles, Gesells*, 1853).

Sphindus, Chevrl.

Dubius, Gyll....... très commun ; sur le *Reticularia hortensis*, champignon des vieilles souches de peuplier, en compagnie d'*Aspidiphorus orbiculatus* et de *Lathridius rugosus* (*Perris : Mem. Soc. Liége*, 1855, p. 251). A Sos (P. B.). — Courrensan (A. L.).

Aspidiphorus, Latr.

Orbiculatus, Gyll... assez commun à Sos avec le précédent, et dans les matières en décomposition (P. B.).

Lareyniei, Duv..... rare ; même habitat. Lectoure (A. L.). — Sos (P. B.). Samatan, dans les détritus d'inondation.

Larve : *Perris* (*Larv. col.* 1877, p. 242, f. 268-275).

Tribu VI. — PTINIDÆ.

Hedobia, Sturm.

Imperialis, L.......... rare dans le Gers; sur le poirier, le chêne, etc., etc., plus commun à Sos (P. B.). Lectoure (A. L.). — Eauze (Sarroméjean).

Regalis, Duft.......... rare ; sur les haies à Sos (P. B.).

Ptinus, L.

Germanus, F.......... assez rare ; à Sos sur l'aubépine (P. B.).
Larve : *Perris* (*Larv. col.* 1877, p. 250).
Elle vit dans les bois de divers arbres : châtaignier, cerisier, etc.

Variegatus, Rossi.... rare ; à Sos sur les haies (P. B.).

Sex-punctatus,Panz. assez rare ; dans les appartements où il hiverne, comme la plupart de ses congénères ; en été sur les arbres, dans les tas de chaume. Gimont. — Lectoure, Courrensan (A. L.). — Sos (P. B.).
Mœurs : *Bedel* (*Soc. ent.* 1872, *bull.* 51).

Aubei, Bold........... rare ; à Sos sur le bois de châtaignier (P. B.).

Dubius, Sturm....... assez commun ; dans les châtons mâles du pin, à Sos (P. B.).

Ornatus, Muls....... assez commun ; au printemps dans les appartements, en été sur divers arbres. Gimont. — Lectoure, Courrensan (A.L.). Sos (P.B.).
Larve : *Perris* (*Larv. col.* 1877, p. 250, et *Soc. Linn. Lyon*, 1876).

Bicinctus, Sturm...... rare ; dans les mousses en hiver. Sos
(P. B.)

Fur, L. .... commun ; dans les greniers, sous les
mousses en hiver.

*Larve : Godart (Méiam. t. II, p. 172). —
De Géer (Mém., t. IV, p. 234).*

Pusillus, Sturm...... commun à Sos dans les détritus des greniers (P. B.).

Pilosus, Muls......... rare ; à Sos en hiver dans les mousses
(P. B.).

Brunneus, Duft...... très commun ; dans les greniers, dans les
excréments de la volaille, sous les
mousses, février-mai.

Latro, F............... assez rare ; avec le précédent et sur les
arbres. Gimont. — Lectoure, Courren-
san (A. L.). — Sos (P. B.).

Testaceus, Ol......... rare ; dans les mousses à Sos (P. B.).

Bidens, Ol............. commun ; id. — Gimont. — Lectoure
(A. L.). Sos (P. B.).

Niptus, Boield.

Crenatus, F.......... rare ; dans les celliers, les greniers, les tas
de paille. Courrensan (A. L.). — Sos
(P. B.).

Gibbium, Scop.

Scotias, F.... .... pris une fois sous les mousses à Campagne
(Armagnac) (G. B.).

TENEBRIONIDÆ.

Tribu I. — BLAPTIDÆ.

Blaps, F.

Producta, Cast...... commun; dans les caves, sous les tas de fumier et de terreau ; il ne sort que la nuit ou par les temps humides. Lectoure (*J. Dayrem*). Je l'ai reçu aussi de Lannemezan, où il est commun.

Larve : Perris (Soc. ent., 1852, p. 606).

Similis, Latr....... commun ; mêmes mœurs ; dans toute la région.

Obtusa, Sturm..... commun ; mêmes mœurs ; à Sos (P. B.).

Larve : Perris (Soc. ent., 1852, p. 609). — Chap. et Cand. (Catal. pl. VI, f. 5).

Tribu II. — ASIDIDÆ.

Asida, Latr.

Grisea, Ol........ assez commun ; au pied des arbres, sous les pierres, en septembre. Gimont, Samatan. — Sos (P. B.).

Jurinei, Sol....... rare ; au pied des vieux arbres, à Sos (P. B.) ; moins rare aux Pyrénées, où il se prend le soir le long des clôtures en pierres sèches.

Larve : Perris (Larv. col., 1877, p. 257 et Ann. Soc. Linn. Lyon, 1876).

Dejeani, Sol....... très rare ; Sos (P. B.).

Tribu III. — CRYPTICIDÆ.

Crypticus, Latr.

Quisquilius, L.. ... commun, à Sos, au pied des plantes dans le sable (P. B.).

Larve : Perris (Larv. col., 1877, p. 259, où il corrige la description donnée par Bouché : (Naturg., p. 191).

Tribu IV. — PANDARIDÆ.

Olocrates, Muls.

Gibbus, F.......... rare; dans le sable sur les bords de l'Adour
à Tarsac (A. L.). — Sos (P. B.).

Larve : Perris (ibid., p. 261). Elle vit au
pied des plantes.

Tribu V. — OPATRIDÆ.

Opatrum, F.

Sabulosum, L...... assez rare; dans la terre, sous les pierres.
Gimont. — Courrensan (A. L.). — Sos
(P. B.), commun.

Larée : Perris (Soc. ent. 1870, *bullet* 82, et
1871, p. 152).

Microzoum, Redt.

Tibiale, F.......... manque dans notre région, rare à Sos, dans
le sable au pied des plantes (P. B.).

Larve : Perris (Larv. col., 1877, p. 264).

Tribu VI. — DIAPERIDÆ.

Bolitophagus, Illig.

Armatus, Panz..... commun dans les bolets du hêtre et du
chêne-liège, à Sos (P. B.).

Larve : Perris (Larv. col., 1877, p. 276, et
Soc. Linn. Lyon, 1876).

Eledona, Latr.

Agricola, Herbst... très commun, de juin à octobre dans les
bolets du saule et du châtaignier et dans
leurs écorces fongueuses.

Larve : Herbst. — Bouché Nat. 191). —
Wetswood (Introd., t. I, p. 315). — *Du-*

four (*Ann. Sc. nat.*, 1843, p. 284). — *Mulsant* (*Latigènes*, p. 226).

Diaperis, Geoff.

Boleti, L........... commun; comme le précédent.
Larve : *Olivier* (*Entom.*, t. III, n₀ 55). — *Dufour* (*Ann. Sc. nat.*, 1843, p. 290). — *Mulsant* (*Latig.*, p. 208).

Scaphidema, Redt.

Ænea, Payk........ à Sos, sous les écorces de sureau (P. B.).
Larve : *Wetswood* (*Introd.*, t. I, p. 314). — *Mulsant* (*Latigènes*, p. 203).

Var. bicolor....... àⁱSos, sous les écorces d'aubépine et de robinier (P. B.).

Platydema, Cart.

Violacea, F........ Sos (P. B.). Sous les vieilles écorces du chêne.
Larve : *Perris* (*Soc. Linn. Lyon*, 1876, et *Larv. col.*, 1877, p. 278). Elle vit dans les écorces fongueuses du chêne.

Alphitophagus, Steph.

4–pustulatus, Steph. très rare; le soir, au vol autour des habitations. Courrensan (A. L.). — Eauze (Sarroméjean), Sos (P. B.).

Pentaphyllus, Lat.

Testaceus, Helw.... commun ; toute l'année principalement en automne dans les bolets parasites des arbres et sous les écorces fongueuses.
Larve : *Mulsant* (*Latig.* p. 36). — *Perris* (*Soc. Linn. Lyon*, 1876, et *Larv. col.* 1877, p. 281).
Elle vit dans le bois de chêne décomposé et devenu rougeâtre.

Tribolium, M. Leay.

Ferrugineum , F .... rare ; sous les vieilles écorces. Gimont. —
　　　　　Sos (P. B.).

Phthora, Muls.

Crenata, Germ... ... très commun sous les écorces en décom-
　　　　　position du pin, en Armagnac. — Sos
　　　　　(P. B.). — Très rare à Lectoure, à Cour-
　　　　　rensan (A. L.).

　　　　　Larve : *Perris* (*Soc. ent.* 1877, p. 351).
　　　　　Même habitat que l'insecte parfait.

Uloma, Cast.

Culinaris, L........... sous les écorces de chêne, à Sos (P. B.).
　　　　　Marciac (E. A.).

　　　　　Larve : *Perris* (*Soc. Linn. Lyon,* 1876, et
　　　　　Larv. Col. 1877, p. 265).
　　　　　Elle vit dans les vieilles souches de chêne,
　　　　　de châtaignier, d'aulne, de marronnier,
　　　　　des déjections des insectes lignivores.

Perroudi, Muls...... commun sous les vieilles écorces de pin en
　　　　　Armagnac. — Sos (P. B.). — Meylan
　　　　　(A. L.).

　　　　　Larve : *Perris* (*Soc. ent.* 1857, p. 347).
　　　　　Elle vit dans les vieilles souches de pin, et
　　　　　ressemble, du reste, à la précédente.
　　　　　(*Perris. Larv. col.*)

Alphitobius, Steph.

Diaperinus, Panz.... très rare ; trouvé à Auch par M. l'abbé
　　　　　Dubin.

Chrysomelinus, Her. très rare. Sos (P. B.).

Hypophlœus, Helw.

Depressus, F........ . rare ; sous les vieilles écorces du chêne,
　　　　　et dans les bolets ; toute l'année. Gimont,

Campagne. — Lectoure (A. L.), Sos (P. B.).

Castaneus, Schn..... commun ; sous les écorces des chênes abattus.

Larve : *Perris* (*Soc. Linn. Lyon* 1876, et *Larv. Col.* 1877, p. 285).
Elle vit aux dépens des larves ou des déjections du *Scolytus intricatus*.

Pini, Panz.. .... commun sous les écorces des pins abattus. Sos (P. B.).

Larve : *Perris* (*Soc. ent.* 1857, p. 358).
Même habitat.

Bicolor, Ol............ assez rare ; sous diverses écorces d'arbres morts ou abattus. Gimont. — Laymont, Lectoure (A. L.), Sos (P. B.).

Larve : *Wetswood* (*Introd.* p. 315). — *Mulsant* (*Lartigènes*, p. 259).
Elle vit sous les écorces d'orme avec *Scolytus multistriatus*. (*Gobert. cat. Landes*, p. 216).

Fasciatus, Kug........ Sous les écorces de chêne et de surier à Sos (P. B.).

Larve : *Perris* (*Larves col.* 1877, p. 287).
Même habitat, avec celles de *Dryocœtes capronatus*.

Linearis, F.......... sous les écorces du pin à Sos (P. B.).

Larve : *Perris* (*Soc. ent.* 1857, p. 358).
Même habitat avec les larves du *Bostrichus bidens*.

Fraxini, Kug. .... rare. Sos (P. B.).

Tribu VII. — TENEBRIONIDÆ.

Menephilus, Muls.

Curvipes, F.......... dans le bois de pin décomposé, à Sos (P. B.)

Larve : même habitat, à la suite des longi-
cornes qui ont rongé les arbres. (*Gobert.
Cat.*, p. 216).

Tenebrio, L.

Molitor, L............ commun dans les vieilles farines et sous
les tas de matières en décomposition ;
toute l'année.
Larve : *Chap. et Cand.* (*Catal.*, p. 173). —
Mulsant (*Latig.* p. 281).
Vit dans les vieilles farines.

Obscurus, F......... rare ; mêmes mœurs.
Larve : *Westwood* (*Introd.*, t. I, p. 318).—
Mulsant (*Latig.* p. 286).

Opacus, Duft........ très rare ; à Sos en février dans un vieux
tronc de châtaignier (P. B.).—Lectoure
(A. L.).
Larve : *Muls. et Guillebeau* (6e *opusc. ent.*,
p. 9). Elle vit dans la vermoulure des
vieux troncs de chêne et de châtaignier.
(*Perris : Larv. col.*, 1877, p. 290).

Tribu VIII. — HELOPIDÆ.

Helops.

Cœruleus, L........ rare ; sous les écorces de chêne vermou-
lues. Meylan (A. L.), Sos (P. B.).
Larve : Waterhouse (*Trans. Soc. ent. Lond.*,
1836, p. 20). — *Wetswood* (*Introd.* t. I,
p. 312).— *Perris* (*Larv. col.*, 1877, p. 290,
fig. 310). Vit dans les troncs cariés de
plusieurs arbres : chêne, châtaignier,
aulne, etc., à la suite des larves lignivores.

Lanipes, L.......... rare ; à Sos (P. B.).

Coriaceus, Sturm... rare; dans la région des landes sur les
    sentiers. Sos (P. B.).

Striatus, Fourcr.... commun ; de mars à juillet sur le tronc des
    arbres ; sur le chêne à Gimont ; sur le
    pin à Sos.

    Larve : Perris (Ins. pin marit., p. 430, et
    Soc. ent., 1857, p. 367).

Hedyphanes, Fisch.

Rotundicollis, Küst. rare ; à Sos (P. B.).

Tribu IX. — CISTELIDÆ.

Allecula, F.

Morio, F.......... rare ; sur le chêne en juin et juillet. Lec-
    toure (*J. Dayrem*). — Sos (P. B.).

    Larve : Perris (Soc. Linn. Lyon, 1876, et
    Larves Col., 1877, p. 297).

Cistela, F.

S.-G. — Hyrmenorus, Muls.

Doublieri, Muls..... fort rare ; à Sos (P. B.), sous les écorces
    du pin.

    Larve : Mulsant (1er opusc. ent., p. 70). —
    Perris (Soc. ent., 1862, p. 221).

S.-G. — Prionychus, Sol.

Ater, F.............. assez commun ; mai-octobre, sur le tronc
    des arbres, dans toute la région.

    Larve: Perris (Ann. Sc. nat. 2e ser. t. XIV,
    p. 83). — *Kyber, Bouché, Waterhouse.*

Lœvis, Kust........ plus rare ; sur le pin à Sos (P. B.).

    Larve: Perris (sous le nom d'*ater*, F. rectifié
    depuis. — *Soc. ent.*, 1857, p. 370).

S.-G. — Hymenalia, Muls.

Fusca, Illig......... assez commun au printemps sur le chêne.
Gimont, rare; — Sos (P. B.). Sur le pin
à Lectoure (A. L.).

Larve : Mulsant (*Pectinipèdes*, p. 50). M. Mulsant l'a trouvée dans le bois décomposé
des marronniers et M. Perris dans le
sable et l'humus au pied de *l'Artemisia
campestris* (*Perris : Larv. col.*, p. 298).

S.-G. — Cistela, Gen.

Ceramboïdes, L.... rare; en juin sur le chêne. Gimont. —
Sos (P. B.).

Larve : Olivier (*Entom.*, t. III, p. 5), et
Nymphe : Mulsant (*Pectinip.*, p. 47). Vit
dans les vermoulures du châtaignier.

S.-G. — Isomira, Muls.

Antennata. Panz.... commun; de mai à octobre, sur les fleurs.
Gimont.—Lectoure, Courrensan (A. L.),
Sos (P. B.)

Murina, L. et *var.*. rare; mêmes mœurs. Gimont. — Courren-
Maurina, Muls.... san (A. L.). Aussi à Dax (Fr. *Maurice*).

S.-G. — Gonodera, Muls.

Luperus, Herbst.... commun; mêmes mœurs; à Sos (P. B.).

Mycetochares, Latr.

Barbata, Latr...... rare; sur l'écorce du chêne et du surier en
juin. Gimont. — Sos (P. B.). Marciac
(E. A.).

Larve : Perris (*Soc. Linn. Lyon*, 1876, et
Larves Col., 1877, p. 294, ff. 311-317).
Mulsant (*Pectivipèdes*, p. 12).
Elle vit dans les vermoulures laissées par

les lignivores dans plusieurs arbres : chêne, saule, robinier.

Bipustulata, Illig... rare; à Gimont au bois de Ladevèze sur le chêne et le surier. — Courrensan (A. L.). — Marciac (E. A.). — Sos (P. B.), sur le prunier et la vigne.
Larve : Waterhouse (Trans. Ent. Soc. London, 1836, p. 29).

4 — maculata, Latr. moins rare; à Gimont, même habitat. — Sos (P. B.).

Cteniopus, Sol.

Sulfureus, L....... commun dans la région des Landes, sur les fleurs du châtaignier. — Aussi en Armagnac, Eauze, Campagne (G. .B).— Courrensan (A. L.).

Omophlus, Sol.

Picipes, F......... sur les fleurs en mai et juin. Lectoure (A. L.). — Sos (P. B.).

Lepturoïdes, F..... très commun en mai et juin, sur les fleurs, surtout sur celles du troëne et du viorne.

Rugosicollis, Kust... rare; mêmes mœurs; à Sos (P. B.).

Tribu X. — PYTHIDÆ.

Salpingus, Gyll.

Exsanguis, Abeille.. commun; à Sos (P. B.).

Reyi, Abeille....... id. id. id.

Æratus, Muls...... très rare dans le Gers; 1 seul à Gimont, en juin, sur les arbres. Plus commun à Sos (P. B.).

Lissodema, Curt.

Denticolle, Gyll.... rare à Lectoure et à Courrensan (A. L.);

moins rare à Sos (P. B.), dans les rameaux secs de la vigne blanche, du châtaignier, du noisetier, de l'aubépine.

Larve : Perris (Soc. Linn. Lyon, 1876, et *Larv. col.*, 1877, p. 300, ff. 319-327). Elle vit dans les mêmes bois à la suite des larves des *Enedreetes oxyacanthœ*, des *Tropideres* et *Choragus Scheppardi*, quand sous l'écorce s'est développé, en plaques noires, le cryptogame *Sphœria stigma* (*Perris*, ibid.).

Liturata, Costa..... commun à Sos, mêmes mœurs, mars-avril (P. B.); plus rare à Courrensan (A. L.).

Larve : Perris (ibid., p. 304). Elle vit à la suite des *Xylopertha sinuata, Sinoxylon, Agrilus derasofasciatus*, dans la vigne sauvage et le figuier.

Rhinosimus, Latr.

Planirostis, F...... rare; sur les rameaux morts; en automne dans les fagots. Gimont. — Lectoure (A. L.). — Sos (P. B.).

Agnathus, Germ.

Decoratus, Germ... très rare ; pris une fois en juin, en battant les arbres sur les bords de l'Adour (E. A.).

Larve : Mulsant (Op. 7, p. 114).

Tribu XI. — SERROPALPIDÆ.

Tetratoma, F.

Baudueri, Perris... à Sos sous les écorces fongueuses de chêne (P. B.).

Larve : Perris (Soc. Linn. Lyon 1876 et *Larv. col.* 1877, p. 311 et suiv.).

Elle vit dans l'*Agaricus ostreatus,* et se transforme dans la terre. L'insecte parfait paraît en mai.

Eustrophus, Illig.

Dermestoïdes, F.... très rare ; à Marciac (E.A.). — Sos (P. B.), dans le bolet du chêne-liège.

Orchesia, Latr.

Micans, Panz....... rare ; sous les écorces fongueuses d'un vieil orme à Samatan ; à Sos. dans les bolets du hêtre et du pin (P. B.).

Larve : Chap. et Cand. (Catal., p. 179).

Anisoxya, Muls.

Fuscula, Illig...... ne paraît pas rare à Sos sur les rameaux morts de plusieurs essences (P. B.).

Larve : Perris (Soc. Lin., Lyon 1876 et Larv. col. 1877, p. 308, fig. 238, 239).

Elle vit dans les rameaux morts comme l'insecte parfait.

Abdera, Steph.

Griseo-guttata, Fair. fort rare à Gimont ; moins rare à Sos (P. B.), sur les rameaux du chêne. — Marciac (E. A.).

Carida, Muls.

Flexuosa, Payk.... commun à Sos dans le bolet du pin (P.B.). La larve vit, comme l'insecte parfait, dans le bolet, et se transforme au printemps (*Gobert., Cat. Land.,* p. 221).

Dircœa, F.

4—guttata, Payk... assez rare ; Gimont. — Auch (H. B.) ; dans le bois carié de saule et de peuplier.

Phloïotrya, Steph.

Vaudoueri, Muls . . . . rare ; à Sos sur le châtaignier et le chêne-liège (P. B.).

 Larve : Perris (Lar. col. 1877, p. 305, fig. 329-337).

 Elle vit comme l'insecte parfait dans les bois décomposés de chêne-liège et de châtaignier.

Serropalpus, Hellen.

Striatus, Hellen. . . . . très rare ; Sos (P. B.).

 Larve : Assmus. (Wien. Ent. Monatschr. 1859, p. 255). — *Erné (Soc. Suisse entom.* 1872, p. 525).

Hypulus, Payk.

Quercinus, Quens. . . très rare ; pris à Marciac en battant les branches d'un bosquet de charmes et de noisetiers (E. A.).

Marolia, Muls.

Variegata, Bosc. . . . . rare ; en juin et septembre à Gimont ; à Courrensan ; moins rare à Sos (P. B.), en automne sur les bois morts, en hiver sous les mousses et les écorces.

 Larve : Perris (Larv. Col. 1877, p. 317, f. 340).

 Elle vit dans les bois ramollis de chêne, d'aubépine, de pin.

Melandrya, F.

Caraboïdes, L. . . . . . rare ; en juin et juillet sur le chêne et çà et là au vol. Gimont. — Lectoure (A. L.).

 Larve : Perris (Ann. Sc. nat., t. XIV, 2 ser. 1840, p. 86, sous le nom de *Serrata* et *Larv. col.,* p. 311).

Tribu XII. — LAGRIDÆ.

Lagria, F.

Atripes, Muls...... commun de juin à octobre en fauchant dans les bois.

      Larve : *Mulsant* (*Op. ent.* 6ᵉ *cahier*, p. 33).

Hirta, L............ moins commun ; sur les genêts dans les bois.

      Larve: Perris (*Mem. Soc. Liège*, 1855, p. 255).
      — *Mulsant* (*Soc. Linn. Lyon*, 1855, p. 65), etc.

Glabrata, Ol........ mêmes mœurs. Sos (P. B.).

Tribu XIII. — PEDILIDÆ.

Xylophilus, Latr.

Nigrinus, Germ. .... très rare ; Gimont, en battant les arbres.

Sanguinolentus, Kiesw. rare ; sur les arbres. Sos (P. B.).

Boleti, Marsh...... pas rare ; à Sos (P. B.).

Pruinosus, Kiesw... rare ; sur les arbres et les haies. Gimont.
      — Lectoure, Courrensan (A. L.). Sos (P. B.).

Populneus, F....... commun ; sur les arbres et les haies. Gimont. — Lectoure, Courrensan (A. L.). — Sos (P. B.).

Neglectus, Duv..... commun ; sur le lierre, ibid.

Patricius, Abeille... plus rare ; à Sos (P. B.).

Scraptia, Latr.

Fusca, Latr........ commun ; sur les buissons et les haies ; c'est une espèce méridionale.

Minuta, Muls...... très rare ; à Sos (P. B.), dans l'intérieur des vieux troncs de chêne-liège.

Larve : Perris (Ann. Soc. Linn. Lyon, 1876, et *Larves Col.*, 1877, p. 341, fig. 371-379). Elle vit dans les fourmilières de *Lasius fuliginosus.*

Trotomma, Kiesw.

Pubescens, Kiesw... très rare; sur les haies, à Sos (P. B.).

Tribu XIV. — ANTHICIDÆ.

Notoxus, Geoffr.

Brachycerus, Fald.. très rare. Pris une fois à Gimont, en juin, dans le creux d'un saule (*H. Lamarque*); en battant les arbres sur les bords de l'Adour (E. A.).

Monoceros, L...... commun sur les bord de la Garonne aux environs d'Agen, au printemps et en automne sur les fleurs.— Bords de l'Adour (E. A.). — Sos (P. B.). — Rare à Lectoure, à Courrensan (A. L.).

Cornutus, F........ commun au printemps sur les bords de la Garonne à Agen ; sur les bords de l'Adour sur la *Scrophularia aquatica*, ainsi qu'à Courrensan (A. L.). — Sos (P. B.).

Formicomus, Mots.

Pedestris, Rossi... très commun toute l'année sous les terreaux, les détritus ; plus rare dans la région des Landes.

Leptaleus, Laferté.

Rodriguiei, Latr.... très commun toute l'année ; mêmes mœurs.

Anthicus, Payk.

Floralis, F.,,....... commun ; sur les fleurs, au printemps, sous les mousses, en hiver ; au vol le soir.

Quisquilius, Thoms. rare ; mêmes mœurs. Auch (Dubin).

Bifasciatus, Rossi... assez rare ; sous les détritus ; le soir au vol autour des fumiers.

Sellatus, Panz...... très rare à Gimont, sur les fleurs et les arbustes.

Instabilis, Scht...... commun sur les arbustes et les arbres en été, sous les mousses en hiver.

Transversalis, Villa. commun en juin, sur les graviers de l'Adour (E. A.).

Tenellus, Lafrt..... rare ; sur les branches mortes ; Sos (P.B.).

Tristis, Scht.. .... rare ; sous les tas d'herbes en décomposition en juin. Gimont. — Sos (P. B.).

Antherinus, L...... commun ; en été sur les fleurs, sous les mousses en hiver.

Lœviceps, Baudi...   id.   id.

Longicollis, Scht.... commun sur les bords de l'Adour (E. A.).

4—oculatus, Laft... très rare, à Sos (P. B).

4—guttatus, Rossi.. rare ; sur les branches mortes. Gimont. — Sos (P. B.).

Hispidus, Rossi..... commun ; dans les détritus végétaux et sur les bois morts.

Ochthenomus, Scht.

Punctatus, Laferté.. assez abondant, en juin, sur les bords de l'Adour (E. A.).

Unifasciatus, Bonn..   id.   id.

Tribu XVI. — MORDELLIDÆ.

Tomoxia, Costa.

Biguttata, Gyll...... très rare ; sur les branches mortes du chêne-liège, à Sos (P. B.).

Larve : *Perris* (*Soc. Linn. Lyon*, 1876, et *Larves col.*, 1877, p. 325, fig. 345-351). Elle vit dans dans les bois en décomposition de châtaignier, de marronnier.

Mordella, L.

Gacognei, Muls..... abondant dans les troncs de peuplier et de saule en pourriture blanche, assez ramollis pour être brisés à la mais. Gimont. — Sos (P. B.), parfois sur les fleurs Auch (H. B.).

Larve : Mulsant (*Longipèdes*, p. 33), même habitation.

Fasciata, F. et *var.* villosa, Muls. *var.* briantea, Comolli, *var.* interrupta, Costa........... assez rare ; sur les fleurs, surtout sur les ombellifères. Barbotan.—Marciac (E. A.). —Sos (P. B.), plus commun, ainsi qu'au voisinags des Pyrénées, à Ponsan - Soubiran. Juillet-août.

Larve : Goureau (*Soc. ent.*, 1842, p. 73). *L. Dufour* (*Ann. Sc. nat.*, t. XIV, 2ᵉ sér., 1840, p. 225). Vit dans le chêne et le châtaignier en décomposition.

Aculeata, L........ très commun toute la belle saison, sur les fleurs.

Larve : Erichson (*Wiegm. archiv.*, 1842, p. 372).— *Perris* (*Soc. ent.*, 1845, p. 69). Vit dans les branches mortes du châtaignier et du chêne, dans les tiges d'Euphorbes.

Var. Brevicauda, Muls. rare ; à Sos, mêmes mœurs (P. B.).

Mordellistena, Costa.

Humeralis, L....... très rare ; à Sos, en fauchant dans les bois (P. B.). — Courrensan (A. L.).

Brunnea, F......... rare ; pris une fois à Gimont au fauchoir ; moins rare à Sos en mai et juin (P.B.).

Lateralis, Ol..... . rare ; à Sos (P. B.).

Inæqualis, Muls. ... assez commun ; mai-juillet, sur les fleurs.
Larve : Perris (Larv. col., 1877, p. 330, fig. 357). Vit dans les tiges de Daucus carotta, d'Echium vulgare.

Parvula, Gyll. et *var.* commun ; même habitat.
liliputana, Muls... *Larve : Perris (Ibid.).*

Nana. Motsch...... rare ; à Sos (P. B.), juillet.
Lave : Perris (Ibid). Vit dans les tiges d'Artemisia campestris.

Reichei, Emery . .. à Sos (P. B.).

Episternalis, Muls.. rare ; au fauchoir, à Sos (P. B.).
Larve : Perris (Ibid.). Vit dans les tiges de Centaurea nigra.

Micans, Germ, et *var.* commun ; en fauchant sur les prairies.
minima, Costa.... Gimont , Ponsan - Soubiran. — Sos (P. B.).
Larve : Perris (Ibid., p. 328, ff. 352-356). Vit dans les tiges d'Artemisia campestris.

Pumila, Gyll....... commun ; sur les prairies à Courrensan (A. L.). — Sos (P. B.).
Larve : Perris (Soc. Linn. Lyon, 1876, et Larv. col., p. 331, ff. 358-361). Elle vit dans les tiges fistuleuses de Saponaria officinalis et des scabieuses.

Stenidea. Muls...... rare ; mêmes mœurs. Ponsan - Soubiran. Sos (P. B.).

Tarsata, Muls...... rare ; à Sos (P. B.).

Perrisi. Muls ...... id.   id.
Larve : Perris (Ibid. p. 335). Vit dans les tiges de Jasione montana.

Anaspis, Geoff.

Rufilabris, Gyll..... rare ; à Sos (P. B.).

Frontalis, L....... commun ; sur les fleurs au printemps.
   La larve vit dans le bois vermoulu du noyer
   (*Gobert., l. cit.*, p. 227).

Forcipata, Muls.... commun ; mai-juin , en fauchant ça et là.
   Gimont. — Sos (P. B.), Courrensan
   (A. L.).

Labiata, Costa..... commun ; mêmes mœurs ; mai-juillet.
   Gimont. — Sos (P. B.).

Geoffroyi, Mul..... commun ; sur les fleurs ; mai-juillet.

Ruficollis, F........ id.   id.   id.

Flava, L........... id.   id.   id.
   Larve : *Perris* (*Soc. Linn. Lyon* 1876 et
   Larves col., p. 335, fig. 362-370).
   Elle vit dans les sarments à la suite de
   Sinoxylon 6 — dentatum et de *Xylopertha
   sinuata*, dans les bois de châtaignier et
   de chêne à la suite du *Rhyncolus punctu-
   latus* et des *Mycetochares*.

Subtestacea, Steph.. rare ; à Gimont sur les fleurs ; Sos (P.B.).
   Larve : *Perris* (ibid. , p. 338), mêmes
   mœurs ; se trouve de plus dans le lierre.

Maculata, Geoff..... commun ; mêmes mœurs.
   Larve : *Perris* (ibid., p. 338). L'auteur dit
   avoir publié dans les *Annales de la Société
   entomologique* (1847, p. 29), sous le nom
   d'*A. maculata* la larve de *Lissodema liturata*. Mêmes mœurs que *Flava*.

Melanostoma, Costa. rare ; Sos (P. B.).

Silaria, Muls.

Varians, Muls....... commun à Sos sur les aubépines.

> Larve : *Perris* (ibid., p. 339).
> Elle vit dans les branches mortes d'aubépine.

*Bicolor. Forst..... rare ; sur les fleurs ; à Courrensan (A. L.).

Tribu XVI. — RHIPIPHORIDÆ.

Emenadia, Cast.

Bimaculata, F...... très rare ; deux exemplaire au bois d'Auch sur les fleurs de menthe (H. B.). — Sos (P. B.).

Flahellata, F....... très rare ; sur les fleurs de menthe au bois d'Auch (H. B.). — Lectoure (*J. Dayrem*). Gimont, un seul. — Courrensan (A. L.). — Sos (P. B.).

Rhipiphorus, F.

Paradoxus, L........ très rare ; un exemplaire en octobre à Pavie près Auch (*Fr. Maurice*). — Lectoure ; un seul dans l'embrasure d'une fenêtre, près d'un nid d'abeille maçonné (*J. Dayrem*). — Auch (H. B.). Un exemplaire à Courrensan dans une toile d'araignée (A. L.).

VESICANTES.

Tribu I. — MELOIDÆ

Meloe, L.

Cyaneus, Gebl...... pas rare au printemps, sur les gazons ras, le long des chemins ; Gimont. —

---

* Je ne puis citer pour la région *Pentaria badia* Rosenh ; je l'ai capturée à Lahourcade (Basses-Pyrénées), en octobre, en fauchant sur les fleurs.

Eauze, Courrensan (A. L.). — Sos
(P. B.).

Violaceus, Marsh... rare ; mêmes mœurs.

Autumnalis, Ol..... abondant en octobre et novembre, sur les digues des prairies inondées, à Gimont. — Lectoure, Courrensan, Layrac (A. L.). — Sos (P. B.).

Tuccius, Rossi...... rare ; dans les champs du luzerne au printemps et en automne. Gimont. — Sos (P. B.).

Rugosus, Marsh.... très rare ; à Sos, au bord des sentiers (P. B.).

Proscarabæus, L... rare ; çà et là sur les gazons ras, en avril et mai. Gimont. — Sos P. B.).

Baudueri, Gren..... rare ; à Sos (P. B.), sur les chemins.

Brevicollis, Panz... rare ; sur les gazons au printemps. Gimont.

Tribu II. — MYLABRIDÆ.

Cerocoma, Geoff.

Schæfferi, L........ rare à Auch, à Lectoure ; introuvable à Gimont ; plus commun en se rapprochant de la Garonne. — Commun à Sos (P. B.). Juin, sur les fleurs.

Mylabris, F.

Variabilis, Bilb..... commun de juillet en octobre, sur les composées et les scabieuses sur les coteaux arides ; toute la région.

4 — punctata, L.... moins commun ; mêmes mœurs.

12 — punctata, Ol.. rare dans notre région ; commun à Sos (P. B.).

Cantharis, Geoffr.

Vesicatoria, L...... très commun en juin sur le frêne. Gimont.
Samatan, Montesquiou; manque à Auch,
à Lectoure.

*Larve : Chap. et Cand. (Cat., p. 192). —
Mulsant (Vesicants, p. 160). — Mœurs :
Lichtenstein (Mém. d'Entomol.).*

Zonitis, F.

Mutica, F......... pris à Sos par M. Bauduer. — Uu seul
à Auch (H. B.).

Præusta, F........ un seul exemplaire à Tarsac, près Riscle,
en battant les arbustes (A. L.); commun
en août sur les fleurs en ombelle à Barbotan.

Sitaris, Latr.

Muralis, Forst..... commun en septembre et octobre, le long
des murs de terre habités par les abeil-
les maçonnes. Gimont, Auch, Samatan.
— Lectoure (J. *Dayrem*), Gazaupouy
(A. L.), Sos (P. B.).

Nitidicollis, Ab..... rare; pris à Sos (P. B.), mêmes mœurs.

*Larve : Chap. et Cand. (Catal. sous le nom
d'humeralis). Les larves des Sitaris vivent
en parasites des Anthophora, abeilles qui
bâtissent des cellules en terre sur les
murs.*

Tribu III. — ŒDEMERIDÆ.

Anoncodes, Scht.

Ustulata, F........ rare; à Sos, sur les plantes dans les marais, en juin et juillet (P. B.).

     Larve : Herklots (Tijdsahr. nederl. ent. ver, 1861, p. 171).

Dispar, Duf........ commun ; sur les fleurs en juin et juillet, à Sos (P. B.). Bords de l'Adour (E. A.).

     Larve : Dufour (Soc. ent., t. X, 1re sér., 1841, p. 5).

Ruficollis, F....... rare ; mêmes mœurs. Sos (P. B.).

Xanthochroa, Scht.

Carniolica, Gistl.... très rare ; à Sos (P. B.).

     Larve : Perris (Soc. ent , 1827, p. 387).

Asclera, Scht.

Cærulea, L... .... assez rare dans notre région, en juin, sur les fleurs ; plus commun à Sos (P. B.).

     Larve : Héeger (Sistzb. Wien. acad. Wiss., 1853, p. 932). Elle vit dans les souches de peuplier pourries.

Œdemera, Ol.

Podagrariæ, L...... commun ; mai-août, sur les fleurs.

Simplex, L......... rare, sur les joncs et les fleurs, à Sos (P. B.).

Subulata, Ol....... très rare ; pris une fois, le 10 août, à Ponsan-Poubiran, tout près des Hautes-Pyrénées.

Flavipes, F........ très-commun ; sur les fleurs ; mai-juillet.

     Larve : Perris (Larv. col., 1877, p. 347, f. 380-386). Elle vit dans le bois ramolli du châtaignier et d'autres arbres.

Cærulea, L......... assez commun ; mêmes mœurs.

Lurida, Marsh.....   id.   id.

Virescens, L........ commun; mêmes mœurs.

> *Larve : Perris ibid.*, p. 350). Trouvée dans les Pyrénées dans la moëlle de l'aconit.

Chrysanthia, Scht.

Viridissima, L...... rare dans notre région; commun à Sos, sur les saules et les prairies (P. B.).

> *Larve : Wetswood (Introd.*, tom I, 1839, p. 305).

Mycterus, Clairv.

Curculionoïdes, **Clairv.** très commun à Sos au printemps et en été, sur les fleurs. Manque dans notre région.

APPENDICE II.

DESCRIPTIONS D'ESPÈCES NOUVELLES, PAR M. DELHERM DE LARCENNE.

Harpalus, foveicollis. Delh.

Tenebroso Dej. proximus, sed angustior, ater, obscurus, lateribus prothoracis et margine extremo elytrorum ferrugineis; bucca, antennis pedibusque testaceis; prothorace ad basim latius impresso et punctato, ad angulum antero-internum hujus impressionis fovea alta ovali notato.

Noir terne; taille et forme du *tenebrosus, Dej.*, plus étroit. La ponctuation de la base du corselet est plus nette, bien localisée dans les impressions qui sont elles-mêmes limitées en dehors par un trait bien net et, en dedans, près de la demi-longueur du corselet, par une fossette bien nette, ovale et oblique. Les stries des elytres sont profondes, étroites et lisses; les intervalles peu convexes et très finement chagrinés. Pattes, bouche, palpes et antennes testacé clair.

Un seul exemplaire ♀ trouvé à Barèges (Hautes-Pyrénées), par M. J. Dayrem. (*Ma collection.*)

Lema nigra, Delh.

Long. 0,004 mm.

Cyanellæ, L. proximus; sed paulo minor, supra niger et obscurus; subtus subviolaceus, alte et dense punctatus; thorace subcoriaceo, punctis rarissimis, 12 circiter, notato; canale transverso prothoracis omnino lævi.

Ce ne serait qu'une variété de couleur de *L. cyanella. L.*, n'étaient le canal transverse à la base du prothorax qui est exactement lisse, et l'épistome qui est moitié moins densément ponctué.

Gimont; un seul exemplaire pris en juin, au fauchoir. (*Ma collection.*)

Agen, Imprimerie Vᵉ LAMY.